FRANZ MARTI / WALTER TRÜB

BAHNEN DER VORALPEN

Vom Bodensee bis zum Genfersee
Du Lac de Constance au Lac Léman
From Lake Constance to the Lake of Geneva

ORELL FÜSSLI VERLAG ZÜRICH

Titelbild:

Brünig-Schnellzug am Lungernsee. Im Hintergrund links das Wetterhorn. Der braune BOB-Wagen vermittelt die direkte Verbindung Luzern–Grindelwald bzw. Lauterbrunnen.

Train direct du Brunig au lac de Lungern. A l'arrière-plan à gauche, le Wetterhorn. La voiture brune des BOB assure la liaison directe Lucerne–Grindelwald/Lauterbrunnen.

A Brünig express train at the Lake of Lungern. Left background is the Wetterhorn. The brown BOB coaches form the through service from Lucerne to Grindelwald and Lauterbrunnen.

Fotos: Franz Marti
Text: Walter Trüb

Übersetzung:
André Barbezat (französisch)
H. P. B. Betlem (englisch)

Ausstattung, Satz, Druck und Einband:
Orell Füssli Graphische Betriebe AG Zürich

ISBN 3 280 00805 0

Inhalt

Einleitung

Vom Bodensee zum Genfersee fährt man im Schnellzug in weniger als fünf Stunden auf den Hauptlinien durch die großen Zentren. Wir schlagen dem Leser vor, dieser Reise zwei Tage zu widmen und der auf den nachfolgenden Seiten geschilderten Route zu folgen.
Sie führt von der Nordostecke unseres Landes bei St. Margrethen nach der westlichsten Bahnstation La Plaine – über Berg und Tal, quer durch voralpines Hügelland und durch Landschaften von unverdorbener Schönheit. Das Tempo bleibt stets gemächlich auf den benützten Nebenbahnen, Zahnradbahnen, Schmalspurbahnen und Schiffen, aber überall erwarten den Reisenden bequeme Sitze an großen Aussichtsfenstern. Was durch diese Fenster zu sehen ist und wie die Bahnen mit geschickter Linienführung und eindrucksvollen Kunstbauten sich in die Landschaft einfügen und Hindernisse überwinden, hat der Photograph in 277 Bildern festgehalten.

Préambule

Empruntant les lignes principales qui traversent nos grands centres, le train direct relie en moins de cinq heures le Bodan à l'extrémité ouest du Léman. Nous proposons au lecteur de consacrer plutôt deux jours à ce voyage et de suivre l'itinéraire décrit ci-après.
Partant près de St-Margrethen, il mène du nord-est de la Suisse à la gare ferroviaire la plus occidentale, La Plaine, par monts et vaux, à travers les chaînes des Préalpes ainsi que des régions aux beautés inaltérées. Chemins de fer secondaires, funiculaires, trains à voies étroites et bateaux: la vitesse des moyens de transport utilisés reste modeste, mais partout des sièges confortables attendent les voyageurs près de grandes baies vitrées. Par les 277 vues qui suivent, le photographe tient à nous présenter ce que ces fenêtres nous permettent d'admirer, de quelle manière les chemins de fer s'incorporent au paysage par des tracés bien étudiés et des ouvrages d'art impressionnants, et comment les obstacles sont vaincus.

Introduction

The journey from Lake Constance to Lake Geneva takes less than five hours by fast express speeding over the main lines linking the major cities. We would suggest that the reader allows two days for the journey and to travel over the route described in the pages which follow.
It will take him from the north-east corner of Switzerland near St. Margrethen to the most westerly railway station on Swiss territory, La Plaine, over mountains and valleys, cutting across the undulating pre-Alpine countryside and passing through a landscape of pristine beauty. Travelling speeds are invariably leisurely over the succession of secondary lines, rack-and-pinion railways, narrow-gauge routes and lake shipping services, but on all of them the traveller can find himself a comfortable seat in front of a large window. What he will see through these windows, how the railways came to lay their tracks and blend them so skilfully with the scenery and how such formidable obstacles were overcome by some remarkable feats of engineering has been recorded by the photographer in this collection of some 277 photographs.

1

1/2 Die Reise geht vom Bodensee zum Genfersee – nicht auf der direkten Schnellzugroute durch das Mittelland, sondern durch den grünen Hügelkranz der Voralpen. (1) Blick vom Pfänder auf den Bodensee mit Bregenz und der Rheinmündung. Im Hintergrund links der Alpstein. (2) Der Genfersee von den Rochers-de-Naye aus.

Du Bodan au Léman, l'itinéraire choisi n'est pas celui des trains directs du Plateau, mais bien des hauteurs verdoyantes des Préalpes. (1) Vue du Pfaender sur le Bodan, Bregenz et l'embouchure du Rhin. Derrière à gauche, l'Alpstein. (2) Le lac Léman vu des Rochers-de-Naye.

Our journey takes us from Lake Constance to the Lake of Geneva – not by the main line through the central plains but across the undulating country of the pre-Alps. (1) View from the Pfänder to Lake Constance with Bregenz and the mouth of the Rhine. Left background the Alpstein. (2) Lake Geneva seen from the Rochers-de-Naye.

2

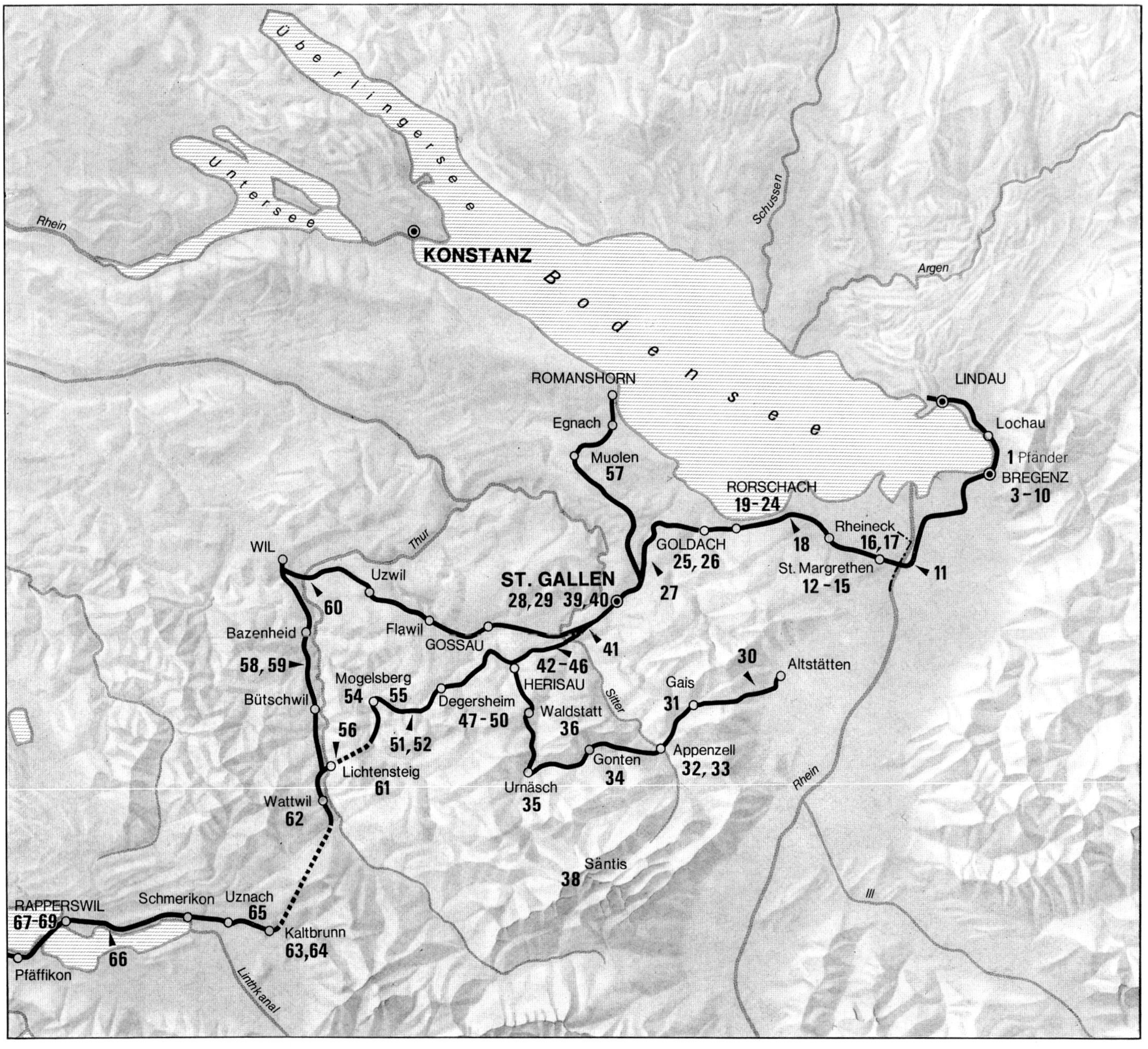
Überlingersee
Untersee
Rhein
KONSTANZ
Bodensee
Schussen
Argen
ROMANSHORN
LINDAU
Egnach
Lochau
Muolen
57
1 Pfänder
BREGENZ
3-10
RORSCHACH
19-24
Thur
GOLDACH
25, 26
18
Rheineck
16, 17
WIL
St. Margrethen
12-15
11
Uzwil
ST. GALLEN
28, 29 39, 40
27
60
Flawil
GOSSAU
41
Bazenheid
42-46
30
58, 59
Mogelsberg
HERISAU
Altstätten
54
55
Degersheim
47-50
Gais
Bütschwil
Waldstatt
31
Sitter
56
51, 52
36
Appenzell
Lichtensteig
Gonten
32, 33
61
34
Urnäsch
35
Rhein
Wattwil
62
Säntis
38
Ill
RAPPERSWIL
67-69
Schmerikon
Uznach
65
Kaltbrunn
63, 64
66
Pfäffikon
Linthkanal

3

3 Schnellzug Genf–München in Bregenz. Die SBB-Lok Re 4/4 II bringt ihren Zug aus der Schweiz über österreichischen Boden nach dem deutschen Lindau.

Train direct Genève–Munich à Bregenz. La locomotive CFF Re 4/4 II conduit son train de la Suisse à Lindau (Allemagne) par le territoire autrichien.

Geneva–Munich express at Bregenz. The SBB Re 4/4 II locomotive takes the train through from Switzerland across Austrian territory to Lindau in Germany.

4

5

4/5 Bregenz zwischen Berg und See.

Bregenz entre la montagne et le lac.

Bregenz between mountain and lake.

6

7

6/7 Im Bahnhof Bregenz kommt der Eisenbahnliebhaber auf seine Rechnung. (6) Schnellzug München–Genf mit SBB-Lok Re 4/4 II. (7) Moderner Elektro-Triebzug der Österreichischen Bundesbahnen (ÖBB) vom Typ «Transalpin» und Dampf-Sonderzug der Bregenzerwald-Bahn nach Bezau (Spurweite 76 cm).

En gare de Bregenz, l'amateur de chemin de fer n'est pas déçu. (6) Train direct Munich–Genève et locomotive CFF Re 4/4 II. (7) Rame automotrice électrique moderne des Chemins de fer fédéraux autrichiens (OeBB) du type «Transalpin» et train spécial à vapeur du chemin de fer Bregenzerwald–Bezau (écartement 76 cm).

Bregenz is a favourite objective of the railway enthusiast. (6) Munich–Geneva express with SBB Re 4/4 II locomotive. (7) Modern Austrian Federal Railways (ÖBB) electric mu train as used on the "Transalpin" service and special steam-hauled train of the Bregenzerwald Railway to Bezau (gauge 76 cm).

8

8–10 Die Eisenbahnbrücke über die Bregenzer Ache bei Lauterach. Für die zweite Spur wurde neben der genieteten Fachwerkbrücke eine ähnliche Konstruktion in geschweißter Ausführung gebaut.

Le pont ferroviaire sur l'Ache de Bregenz, près de Lauterach. Pour la seconde voie, un même ouvrage soudé a été construit à côté du pont à treillis rivé.

The railway bridge over the Bregenzer Ache near Lauterach. When the second track was laid, a welded steel girder bridge was built similar to the rivetted lattice-girder bridge alongside.

11 Die Rheinbrücken bei Lustenau für Bahn und Straße.

Ponts ferroviaire et routier sur le Rhin, près de Lustenau.

Railway and road bridges across the Rhine at Lustenau.

9

10

11

12

13

14

15

16

17

12–15 Im österreichisch-schweizerischen Grenzbahnhof St. Margrethen. (12) Der Schaffner der ÖBB, die Schweizer Zollbeamten und ihre österreichischen Kollegen finden einen Augenblick Zeit für die Gruppenfoto. (13) Schnellzug Rhone–Isar in guter Obhut des Schweizer Zolls. (14) SBB und ÖBB im Bahnhof St. Margrethen. (15) Nach nur fünf Minuten Aufenthalt Weiterfahrt nach Bregenz–München.

St-Margrethen, gare frontière austro-suisse. (12) Le contrôleur des OeBB, les douaniers suisses et leurs collègues autrichiens trouvent le temps de se grouper pour une photo. (13) Train direct Rhône–Isar contrôlé par la douane suisse. (14) CFF et OeBB en gare de St-Margrethen. (15) Après cinq minutes seulement, continuation vers Bregenz et Munich.

At the Austrian-Swiss frontier station at St. Margrethen. (12) The ÖBB conductor, Swiss customs officers and their Austrian colleagues pose for a moment for a group photograph. (13) Customs examination aboard the "Rhone–Isar" express. (14) SBB and ÖBB at St. Margrethen station. (15) After a short five-minute stop, the journey continues to Bregenz and Munich.

16 Eisenbahn und Autobahn in Rheineck. Die Doppelspur der Bahn begnügt sich mit einem Landstreifen von 12 m Breite, die Straße braucht 26 m.

Chemin de fer et autoroute à Rheineck. La double voie ferrée se contente d'une bande de terrain de 12 m de large. Il faut 26 m pour la route.

Railway and motorway at Rheineck. The double-track railway requires a strip of land only 12 metres wide, while the motorway requires a width of 26 metres.

17 In Rheineck steigt der SBB-Passagier in die Zahnradbahn nach Walzenhausen oder in die Postautos nach Heiden und nach Goldach um.

A Rheineck, le voyageur CFF emprunte le chemin de fer à crémaillère pour Walzenhausen ou les voitures postales pour Heiden et Goldach.

At Rheineck the SBB passenger can change on to the rack railway to Walzenhausen or on to the postal buses for Heiden and Goldach.

18

18 Der ÖBB-Triebzug «Bodensee» St. Gallen–Wien bei Staad.

La rame automotrice OeBB «Bodensee» St-Gall–Vienne, près de Staad.

ÖBB mu train "Bodensee" (St. Gallen–Vienna) near Staad.

19–21 Eisenbahn-Vielfalt in Rorschach. (19) ÖBB-Triebzug «Bodensee» nach Wien. (20) Triebwagen der Zahnradbahn Rorschach–Heiden und «Jura-Pfeil» der SBB. Dieser begann seine Laufbahn im Jahre 1938 auf den Jura-Linien Biel– und Neuenburg–La Chaux-de-Fonds und beendet sie nun im Lokalverkehr zwischen Rorschach und Rorschach-Hafen. (21) Jura-Pfeil, Re 4/4 I und Re 4/4 II in Rorschach.

Images ferroviaires à Rorschach. (19) Rame automotrice OeBB «Bodensee» pour Vienne. (20) Automotrice à crémaillère Rorschach–Heiden et «Flèche du Jura» des CFF. Cette dernière a commencé sa carrière CFF en 1938 sur les lignes jurassiennes Bienne– et Neuchâtel–La Chaux-de-Fonds pour la terminer sur le tronçon local Rorschach–Rorschach-Hafen. (21) Flèche du Jura, Re 4/4 I et Re 4/4 II à Rorschach.

The varied railway scene at Rorschach. (19) ÖBB mu train "Bodensee" leaving for Vienna. (20) Railcars of the Rorschach–Heiden rack railway and the "Jura Arrow" of the SBB. The latter came into service in 1938 on the Jura main line running from Biel and Neuchâtel to La Chaux-de-Fonds and is now ending its career on the local service between Rorschach and Rorschach Harbour. (21) Jura Arrow, Re 4/4 I and Re 4/4 II locomotives at Rorschach.

19

20

21

22

22 In Rorschach-Hafen rücken Schiff, Bahn und Häuser nahe zusammen; für eine Straße fehlt der Platz. Im Bahnhof ein Zug der Rorschach–Heiden-Bahn.

Rorschach-Hafen, rendez-vous de bateaux, de trains et de maisons. La place manque pour une route. En gare, un train du Chemin de fer Rorschach–Heiden.

At Rorschach Harbour ships, railway and buildings are cheek by jowl; there is no room for a roadway. In the station stands a train of the Rorschach–Heiden Railway.

23/24 Reger Verkehr in Rorschach-Hafen. (23) Die Anwohner haben den Bahnhofperron gleich hinter dem Hause, hier mit dem Personenzug Schaffhausen–Rorschach. (24) Einsteigen nach Wienacht-Tobel–Heiden. Vorn ein Steuerwagen mit Führerstand.

Trafic intense à Rorschach-Hafen. (23) Les habitants trouvent le quai de gare juste derrière leur maison, ici un train omnibus Schaffhouse–Rorschach. (24) En voiture pour Wienacht-Tobel–Heiden. En avant, une voiture de commande et la cabine de conduite.

Lively traffic at Rorschach-Harbour. (23) The inhabitants have the rail platform immediately behind their homes, here with a stopping train for Schaffhausen. (24) Getting aboard for Wienacht-Tobel and Heiden. At the front a coach with driving compartment.

23

24

25

26

27

25–27 Mit 20‰ Steigung von Rorschach nach St. Gallen. (25) In Goldach schaut der anhaltende Zug auf den durchfahrenden herab, weil das Ausweichgleis vorschriftsgemäß in der Horizontalen liegt, während das Durchfahrgleis auf tieferem Niveau in der Steigung verläuft. (26) Bahn und Autobahnbrücke bei Goldach. (27) Blust in Mörschwil. Die Fahrleitung links hängt seit 40 Jahren unbenützt über dem vorbereiteten Bahnkörper für das zweite Gleis Goldach–Mörschwil.

Déclivité de 20‰ entre Rorschach et St-Gall. (25) A Goldach, le train arrête regarde d'en haut celui qui passe sans arrêt car la voie d'évitement se trouve à l'horizontale, comme prescrit, tantis que celles de passage court sur un niveau inférieur. (26) Chemin de fer et pont de l'autoroute près de Goldach. (27) Floraison à Moerschwil. La ligne de contact à gauche n'est pas utilisée depuis 40 ans sur le tracé préparé pour la seconde voie Goldach–Moerschwil.

On the 1 in 50 gradient from Rorschach to St. Gallen. (25) At Goldach the stopping train stands above the through passing train. By regulation the passing loop is laid on the level while the through track continues to run on the gradient at a lower level. (26) Railway and motorway bridges at Goldach. (27) Still life at Mörschwil. For forty years the catenary on the left has been standing unused over the formation prepared for the second track between Goldach and Mörschwil.

28/29 Der 1913 gebaute Bahnhof St. Gallen mit Neubarock-Fassade; auf seinem Vorplatz die städtischen Trolleybusse und die Trogener Bahn.

La gare de St-Gall construite en 1913 et sa façade en style néobaroque; sur l'esplanade, les trolleybus municipaux et le Chemin de fer de Trogen.

St. Gallen station built in 1913 with its neo-baroque façade; on the station square are the local trolleybuses and the Trogen Railway.

28

29

St. Gallen–Gais–Appenzell–Altstätten-Bahn SGA

	Meterspur / Voie métrique / Metre Gauge
	Zahnstangenabschnitte / Crémaillère / Rack-and-pinion
1889	St. Gallen–Gais eröffnet / Ouverture / Opened
1904	Gais–Appenzell eröffnet / Ouverture / Opened
1911	Altstätten–Gais eröffnet / Ouverture / Opened
1911	Altstätten–Gais elektrischer Betrieb / Traction électrique / Electric traction: 1000 V = d. c.
1931	St. Gallen–Gais–Appenzell elektrifiziert / Electrifié / Electrified: 1700 V = d. c.
27 km	Länge / Longueur / Length
92‰	St. Gallen–Appenzell max. Neigung / Déclivité max. / Ruling gradient (1 in 11)
160‰	Altstätten–Gais max. Neigung / Déclivité max. / Ruling gradient (1 in 6)
	Einnahmen 1974 / Recettes 1974 / Receipts 1974
Fr. 2 324 093	Personenverkehr / Trafic voyageurs / Passenger traffic
Fr. 484 407	Güterverkehr / Trafic marchandises / Freight traffic

Diese Bahn mit dem langen Namen umfaßt seit 1947 die bis zu diesem Zeitpunkt selbständigen Bahnen St. Gallen–Gais–Appenzell (SGA) und Altstätten–Gais (AG). Sie bedient zusammen mit der Appenzeller Bahn (AB) und weiteren Bahn- und Postlinien den Kanton Appenzell, der als einziger Kanton der Schweiz abseits des SBB-Netzes liegt.

Als erste Teilstrecke wurde 1889 die Verbindung St. Gallen–Gais von der damaligen «Appenzeller Straßenbahn» eröffnet. Dieser Firmenname erinnert daran, daß die Geleise nach der Absicht der Initianten in die Kantonsstraße verlegt werden sollten. Diese billige Lösung konnte zwar nicht auf der ganzen Länge realisiert werden; vor allem erforderte der Aufstieg aus dem Talboden von St. Gallen zur Höhe des «Nests» ein eigenes Trassee. Der Straßenbahncharakter der SGA führte mit dem anwachsenden Straßenverkehr zu immer größeren Schwierigkeiten, so daß die nachträgliche Trennung von Bahn und Straße mit erheblichem Aufwand an die Hand genommen werden mußte.

Die starken Höhendifferenzen konnten nur mit Anwendung der Zahnstange für die Steilrampen bis zu 92‰ überwunden werden. Es wurde das bei der Rigibahn bewährte System Riggenbach in einer von Maschineninspektor Klose abgewandelten Bauform gewählt. Klose, leitender Ingenieur bei den Vereinigten Schweizerbahnen (VSB), hatte außerdem die Dampflokomotiven für gemischten Adhäsions- und Zahnstangenbetrieb, das Bremssystem und die dreiachsigen, kurvenbeweglichen Laufwerke für die Wagen konstruiert.

Die Verbindung von St. Gallen nach Appenzell war zu jener Zeit mit Umsteigen in Winkeln auf die Appenzeller Bahn und mit dem großen Umweg über Herisau–Urnäsch wenig attraktiv, weshalb der Wunsch wach wurde, die SGA von Gais nach Appenzell zu verlängern. Obwohl auch diese Teilstrecke zum größten Teil auf einfache Weise in die Straße

Le nom un peu long de ce chemin de fer comprend depuis 1947 les compagnies St-Gall–Gais–Appenzell (SGA) et Altstätten–Gais (AG), alors autonomes jusqu'à cette date-là. Avec le Chemin de fer de l'Appenzell (AB) et d'autres voies ferrées et cars postaux, il assure les transports du canton d'Appenzell, le seul à l'écart du réseau des CFF.

Le premier tronçon ferré St-Gall–Gais a été ouvert en 1889 par l'ancien «Chemin de fer routier de l'Appenzell». Cette expression rappelle que les voies devaient être posées sur la route cantonale, selon les initiateurs, solution facile qui ne put cependant pas être réalisée sur toute la longneur du parcours. La montée du fond de la vallée de St-Gall jusqu'à la hauteur du «Nest» exigea avant tout un propre tracé. Le caractère de chemin de fer routier du SGA provoqua toujours plus de difficultés avec le trafic routier croissant, de sorte que la séparation rail et route dut se faire plus tard à grands frais.

Les fortes déclivités jusqu'à 92‰ ne purent être surmontées qu'à l'aide de la crémaillère. Le système choisi fut celui de Riggenbach adopté au chemin de fer du Righi, quelque peu modifié par l'inspecteur Klose. Ce dernier, ingénieur en mécanique, dirigeant des Chemins de fer réunis suisses (VSB = Vereinigte Schweizerbahnen), avait en outre construit les locomotives à vapeur mixtes adhérence/crémaillère, ainsi que le système de freinage et, pour les voitures, les organes de roulement à trois essieux et mobiles dans les courbes. La relation Saint-Gall–Appenzell était alors peu attractive par suite du changement de train à Winkeln sur le chemin de fer de l'Appenzell et du grand détour qu'il fallait faire par Hérisau et Urnäsch. C'est pour ces raisons qu'il fut question de prolonger le SGA de Gais à Appenzell. Bien que ce tronçon fut posé simplement sur la route et doté de la crémaillère sur les fortes décli-

This railway with the long name comprises since 1947 the former separate undertakings, St. Gallen–Gais–Appenzell (SGA) and Altstätten–Gais (AG). Together with the Appenzell Railway (AB) and other railway and postal bus routes, it operates in both the Appenzell half-Cantons, the only ones not served by the Federal railway system.

The first section, opened in 1889, was the line from St. Gallen to Gais belonging to the "Appenzell Tramways". The name of the company is a reminder that the original promoters intended to lay the track in the Cantonal highway. This economical conception could, however, not be realised for the whole line; most of all, the steep climb out of the valley in which the town of St. Gallen lies to the point known as the "Nest" made it necessary to have a track separate from the public road. With the growth of road traffic generally, the SGA tramway system gave rise to increasing congestion so that later on the railway tracks had to be re-located separately from the road at heavy cost.

The marked differences in elevation, necessitating tracks laid on a gradient of 1 in 11, compelled the adoption of a rack-and-pinion section. An adaptation of the Riggenbach system, which had been successfully used for the Vitznau–Rigi Railway, was devised for the Appenzell line by an engineer named Klose; he was Chief Engineer of the United Swiss Railways (VSB) and had also been responsible for designing the steam locomotives for mixed adhesion and rack working, the special braking system and the six-wheeled bogies for rolling stock specially adapted for easier negotiation of curves.

The connection from St. Gallen to Appenzell was at that time somewhat complicated, involving a change of train at Winkeln on to the Appenzell Railway and a circuitous route via Herisau und Urnäsch, all of which

verlegt und auf den Steilabschnitten mit der Zahnstange ausgerüstet wurde, verflossen nach Eröffnung der SGA fünfzehn Jahre, bis die Fortsetzung nach Appenzell vollendet war.
Die Bahnverbindung zwischen dem Appenzeller Mittelland und dem Marktort Altstätten im St. Galler Rheintal kam 1911 mit der von Anfang an elektrisch betriebenen Altstätten–Gais-Bahn (AG) zustande. Sie weist mit 160‰ erheblich stärkere Steigungen auf als die SGA-Linie und ist mit der Zahnstange des Systems Strub ausgestattet. Die Unterschiede zum System Klose sind nicht wesentlich, so daß es gelungen ist, die modernen Triebwagen der SGA für die universelle Verwendung auf beiden Linien zu konstruieren. Mit der Fusion von AG und SGA im Jahre 1947 war eine technische Vereinheitlichung verbunden; die Fahrleitungsspannung der AG-Linie wurde von 1000 auf 1700 V angehoben, während die veralteten Triebwagen mit dem urtümlichen Stangenantrieb aus dem regelmäßigen Dienst zurückgezogen wurden.
Wer als Tourist oder Feriengast sich von den Zügen der SGA durch das reizvolle Appenzeller Land tragen läßt, empfindet die Reise als reinen Genuß, auch wenn die Fortbewegung sehr gemächlich vor sich geht – oder gerade deshalb. Nun ist aber die Bahn im Umkreis von St. Gallen zur Vorortverbindung für Berufspendler und Schüler geworden, Kunden also, die Wert auf rasche Beförderung legen. Wenn die Bahn konkurrenzfähig bleiben will, muß sie sich wohl oder übel dem auf der Straße üblichen Tempo anpassen. Die Behörden verfolgen deshalb ein umfangreiches Projekt für die Umstellung der Linie St. Gallen–Appenzell auf reinen Adhäsionsbetrieb, was einen Tunnel im Bereich der Stadt St. Gallen und verschiedene weitere Trasseeverlegungen zur Umgehung der heutigen Zahnstangenrampen bedingt.

vités, quinze ans s'écoulèrent entre l'ouverture du SGA et l'achèvement du prolongement vers Appenzell.
Le raccordement ferroviaire entre le Plateau appenzellois et Altstätten, lieu de foires de la vallée saint-galloise du Rhin, se fit en 1911 et fut électrifié dès le début. Cette compagnie prit le nom de Chemin de fer Altstätten–Gais (AG). Il présente une déclivité de 160‰, soit sensiblement plus forte que celle du SGA; il est équipé de la crémaillère du système Strub. Les différences de ce dernier avec le système Klose ne sont pas importantes, de sorte qu'il a été possible de construire les automotrices modernes du SGA en vue de leur utilisation sur les deux lignes.
Avec la fusion des compagnies AG et SGA en 1947, il fallut trouver une unification technique: la tension de 1000 volts à la ligne de contact de la compagnie AG fut élevée à 1700 volts, tandis que les anciennes automotrices dotées d'une vieille transmission par bielles furent retirées du service régulier.
Le touriste ou le vacancier qui se laisse emporter par les trains du SGA à travers l'admirable pays d'Appenzell jouit pleinement de son voyage, même si la vitesse est forcément limitée, ou peut-être justement pour cette raison. Maintenant, le chemin de fer est devenu un moyen de communication important pour les abonnés de la banlieue et des environs de St-Gall. Ce sont des clients, employés et écoliers qui apprécient vivement la valeur d'un transport rapide. Si le chemin de fer veut rester compétitif, il doit s'adapter tant bien que mal à la vitesse observée sur la route. C'est pourquoi les autorités étudient un vaste projet de transformation de la ligne St-Gall–Appenzell permettant la seule exploitation à adhérence, ce qui nécessite un tunnel dans le cadre de la ville de St-Gall et différentes corrections de tracé pour vaincre les déclivités actuelles à crémaillère.

stimulated the desire to extend the SGA from Gais to Appenzell. Although for this section, the intention was to lay most of the track into the public highway and to have the more severe gradients with rack-and-pinion, it took another fifteen years after the SGA had been opened before the extension to Appenzell was completed.
The railway connection between central Appenzell and the market town of Altstätten in the Rhine valley running through the Canton of St. Gallen came when the Altstätten–Gais Railway (AG) was opened in 1911 and electrified from the beginning. The line includes gradients of as much as 1 in 6, very much more than those on the SGA, and provided with a rack section constructed on the Strub system. This is only slightly different from the Klose design so that it was not difficult to have the modern railcars of the SGA built to operate over both systems. The amalgamation of the AG and the SGA in 1947 made it possible to standardise the technical equipment; the catenary voltage of the AG was raised from 1000 to 1700 volts and the primitive railcars with the original rack-and-pinion drive were taken out of regular service.
The holiday visitor or tourist who can arrange a trip in the trains of the SGA through the smiling countryside of Appenzell will be well rewarded, even though the running speeds may be somewhat leisurely – or perhaps just for that very reason.
Nowadays the railway serves a considerable commuter traffic both for businessmen and school children in the region around the town of St. Gallen. These customers look for quick travelling times, and if the railway wishes to remain competitive, it will have to increase its speeds to something approaching that of the average motorist. The authorities are therefore studying a comprehensive scheme for converting the St. Gallen–Appenzell line entirely to adhesion working and to discontinue the present rack-and-pinion sections; this will involve boring a tunnel near St. Gallen and relocating the tracks at various points.

Appenzeller Bahn AB

	Meterspur / Voie métrique / Metre Gauge
1875/1886	Eröffnet / Ouverture / Opened
	1875 Winkeln–Urnäsch / 1886 Urnäsch–Appenzell
1932	Elektrifiziert / Electrifié / Electrified: 1500 V = d. c.
32 km	Länge / Longueur / Length
37‰	Max. Neigung / Déclivité max. / Ruling gradient (1 in 27)
	Einnahmen 1974 / Recettes 1974 / Receipts 1974
Fr. 1837614	Personenverkehr / Trafic voyageurs / Passenger traffic
Fr. 679360	Güterverkehr / Trafic marchandises / Freight traffic

Schon recht früh in der Schweizer Eisenbahngeschichte, nämlich im Jahre 1856, konnten die Hauptlinien Zürich–Romanshorn und Zürich–St.Gallen–Rorschach dem Betrieb übergeben werden. Der Hauptort von Appenzell Außerrhoden mußte damals zusehen, wie das neue Verkehrsmittel wenige Kilometer entfernt vorbeidampfte, ohne daß die Herisauer direkten Zugang gehabt hätten. Der Höhenunterschied zwischen Herisau und dem nahegelegenen Goßau war mit einer Eisenbahn üblicher Bauart kaum zu bewältigen; eine Verbindung nach Winkeln hätte in dieser Hinsicht weniger Schwierigkeiten gemacht, doch mußte dafür ein erheblicher Umweg für alle Reisen in Richtung Winterthur und Zürich in Kauf genommen werden.
Die langen Diskussionen nahmen erst 1872 eine entscheidende Wendung, als die neu gegründete «Schweizerische Gesellschaft für Lokalbahnen» (SGL) die Idee der Schmalspur zu propagieren begann. Mit der Meterspur, die sich dem Gelände besser anzuschmiegen vermag als die Normalspur von 1435 mm, ließen sich viele Brücken und Tunnel ganz einsparen oder mindestens einfacher gestalten, womit die Baukosten erheblich gesenkt werden konnten. Die SGL wollte derartige Bahnen in der ganzen Schweiz erstellen, doch ist der Bau der Appenzeller Bahn ihre erste und letzte Leistung geblieben.
Den Herisauer Eisenbahninteressenten schlug die SGL nun also vor, die Schmalspur zu akzeptieren, sich aber nicht auf die Verbindung mit der St. Galler Linie zu beschränken, sondern im Hinblick auf eine bessere Rentabilität die Erschließung des ganzen Appenzeller Landes mit Schmalspurbahnen ins Auge zu fassen. Mit einigem Widerstreben stimmte man der Schmalspur zu, für welche einzig in der fernen Westschweiz, zwischen Lausanne und Echallens, seit 1873 Erfahrungen vorlagen. Mit was für Bedenken man damals zu kämpfen hatte, geht daraus hervor, daß die SGL die angezweifelte Stabilität von Schmalspurfahrzeugen mit folgendem Argument verteidigte: «Zur Beruhigung des Publikums, welches eine, zwar illusorische, Störung des Gleichgewichtes durch diese verschiedene Verteilung der Sitzplätze (nämlich Einer-

C'est en 1856 déjà que, dans l'histoire ferroviaire de la Suisse, les lignes principales Zurich–Romanshorn et Zurich–St-Gall–Rorschach ont été ouvertes au trafic. Le chef-lieu des Rhodes-Extérieures appenzelloises, Hérisau, a vu autrefois passer le nouveau moyen de transport à quelques kilomètres à vol d'oiseau seulement de la localité, sans que ses habitants reçoivent un accès direct à celui-ci. Il était impensable de vaincre la différence d'altitude par un chemin de fer traditionnel reliant Gossau, sur l'artère principale toute proche, à Hérisau. Une communication avec Winkeln aurait offert moins de difficultés à cet égard, mais il fallait tenir compte d'un détournement sensible pour tous les voyages en direction de Winterthour et de Zurich.
Les longues discussions ne prirent un tournant décisif qu'en 1872, lorsque la Compagnie suisse pour chemins de fer locaux (SGL = Schweizerische Gesellschaft für Lokalbahnen) propagea l'idée d'une voie étroite. La voie métrique qui s'adaptait mieux au terrain que la voie normale de 1435 mm permettait d'économiser de nombreux ponts ou tunnels ou du moins de les faire plus simplement, ce qui diminuait sensiblement les frais de construction. La SGL avait l'intention de creer de tels chemins de fer dans toute la Suisse, mais la ligne de l'Appenzell a été sa première et sa dernière réalisation.
A Hérisau, la SGL proposa donc aux intéressés au chemin de fer d'accepter la voie étroite, et de ne pas se limiter à un raccordement à la ligne de Saint-Gall, mais de considérer l'établissement de la voie étroite dans tout le pays d'Appenzell en vue d'une rentabilité meilleure. Avec quelques oppositions, on opta pour le chemin de fer à voie étroite pour lequel on ne disposait que des expériences acquises en Suisse romande éloignée, celles du chemin de fer reliant Lausanne à Echallens dès 1873. On peut juger des idées étranges qu'il a fallu alors combattre si l'on sait que la SGL soutenait la stabilité, mise en doute dans le public, des véhicules de chemins de fer à voie étroite par les arguments suivants: «Pour tranquilliser la population qui pourrait craindre, ce qui est illu-

The main line routes from Zurich to Romanshorn and Zurich to Rorschach via St. Gallen were opened for traffic quite early in the development of the Swiss railway system, actually in 1856. Herisau, capital of the Canton of Appenzell-Outer Rhodes, at that time felt somewhat neglected when the steam trains started to speed along only a few kilometres away but with no direct link giving access to it. The difference in height above sea level between Herisau and Gossau, only a few miles away, was hardly calculated to encourage plans for any conventional railway; a connection to Winkeln would have presented less difficulty but would have involved a tedious detour for anyone making for Winterthur and Zurich.
Many were the discussions on a projected railway, but it was not until the Swiss Local Railways Company (SGL) was formed in 1872 with the object of promoting narrow-gauge railways, that a concrete project was agreed. The decision to adopt the metre gauge, better adapted for the topography of the country than the standard gauge (1435 mm), made it possible to avoid many tunnels and viaducts altogether and involved cheaper construction costs for those that were required. The SGL planned railways of this nature for the whole of Switzerland, but the construction of the Appenzell Railway remained the first and only fruits of its labours.
The Herisau railway promoters were therefore advised by the SGL to adopt the metre gauge and to build a number of narrow-gauge lines to open up the whole Canton of Appenzell which would be a more profitable enterprise than confining the scheme to a link with the St. Gallen main line only. Despite some opposition, the narrow-gauge project was accepted, although the only experience with it up to that time in Switzerland was far away, namely between Lausanne and Echallens, opened in 1873. The sort of objections which had to be overcome in those early years can be gathered from the reassurances given by the SGL to those who questioned the stability of rolling stock on narrow-gauge track: "In order to assure any members of the public who might fear, quite

und Zweiersitze) befürchten könnte, wurde die Einrichtung so getroffen, daß der Gang auf den zwei verschiedenen Personenwagenhälften auf verschiedenen Seiten zu liegen kommt, so daß damit das Gleichgewicht wieder hergestellt ist.»

Weitere Diskussionen entbrannten über der Frage, ob der Anschluß an die Hauptbahn in Goßau oder Winkeln zu suchen sei; eine Volksabstimmung in Herisau ergab 1120 Stimmen für Winkeln und 1009 für Goßau, entsprechend den engen Beziehungen, die mit St. Gallen bestanden. Als aber vierzig Jahre später die Bodensee–Toggenburg-Bahn gebaut wurde, entstand eine direkte Verbindung mit St. Gallen, die den Zweig Herisau–Winkeln der AB weitgehend entwertete. Von 1910 bis 1913 mußten sich die AB und BT in den Verkehr von Herisau nach St. Gallen teilen, dann konnte die neue Strecke Herisau–Goßau der AB eröffnet werden, die für den Verkehr nach Winterthur und weiter eine erhebliche Abkürzung darstellte.

Der Erste Weltkrieg brachte mit seiner Kohlennot den Verkehr auf der AB beinahe zum Stillstand, und so wandte man sich der Idee der Elektrifizierung zu. Mangels Geld mußte man sich mit einer Zwischenlösung begnügen, die in der Anschaffung von zwei dieselelektrischen Triebwagen bestand. Für schwächer frequentierte Züge erwiesen sie sich als bedeutend wirtschaftlicher als die Dampfzüge. 1933 gelang endlich die Elektrifizierung, die nebst vielen anderen Vorteilen eine entscheidende Verbesserung des Fahrplanangebotes mit sich brachte.

1947 kam es zur Fusion der «Säntisbahn» Appenzell–Weißbad–Wasserauen mit der AB; nach Anpassung der elektrischen Anlagen konnte zwei Jahre später der durchgehende Verkehr von Goßau bis Wasserauen aufgenommen werden. Die lange angestrebte Fusion mit der St. Gallen–Gais–Appenzell-Bahn (SGA) erwies sich als Folge des ausgeprägten Föderalismus im Gebiete der beiden Appenzell als unmöglich, doch gelang es in verschiedenen Etappen, die Züge beider Bahnen auch über die Eigentumsgrenze in Appenzell hinaus verkehren zu lassen.

Heute steht die hundertjährige Appenzeller Bahn technisch erneuert und modernisiert da und lädt zu beschaulichen Fahrten im lieblichen Ländchen am Fuße des Säntis.

soire, une rupture d'équilibre par la répartition différente des places assises (sièges à une place d'un côté, à deux places de l'autre), celui-ci est assuré par le fait que le couloir ne se trouve pas du même côté dans les deux moitiés d'une voiture.»

D'autres discussions jaillirent au sujet de la question de savoir si le raccordement à la ligne principale devait se faire à Gossau ou à Winkeln. Une votation populaire à Hérisau révéla 1120 voix en faveur de Winkeln et 1009 pour Gossau, ce qui résultait des étroites relations entretenues avec Saint-Gall. Lorsque, quarante ans plus tard, on construisit le chemin de fer du Bodan au Toggenbourg, une relation directe fut établie avec St-Gall, ce qui laissa peu de chances à un raccordement Hérisau–Winkeln par la compagnie AB. De 1910 à 1913, l'AB et le BT durent se partager le trafic entre Hérisau et St-Gall, puis vint le nouveau tronçon Hérisau–Gossau de l'AB, représentant un raccourcissement sensible avec Winterthour et au-delà.

La Première Guerre mondiale provoqua l'arrêt presque complet du trafic sur l'AB par suite de la pénurie de charbon, de sorte que l'idée de l'électrification fit du chemin. Faute de moyens financiers, il fallut se contenter d'une solution intermédiaire consistant à acquérir deux automotrices diesel-électriques. Pour les trains faiblement fréquentés, la traction diesel se révéla sensiblement plus économique. En 1933, l'électrification apporta enfin, mis à part de nombreux autres avantages, celui d'une amélioration sensible des horaires.

En 1947 eut lieu la fusion du «Chemin de fer du Säntis» Appenzell–Weissbad–Wasserauen avec l'AB et après adaptation des installations électriques, le trafic direct était inauguré deux ans plus tard entre Gossau et Wasserauen. La fusion qu'on s'efforçait d'obtenir avec le Chemin de fer St-Gall–Gais–Appenzell (SGA) se révéla impossible par suite du fédéralisme par trop poussé dans la région des deux demi-cantons d'Appenzell, mais au cours de différentes étapes, les trains des deux chemins de fer purent franchir en Appenzell les limites de propriété.

Aujourd'hui, le Chemin de fer de l'Appenzell centenaire est techniquement renouvelé et modernisé; il invite les intéressés à des voyages d'agrément dans ce beau coin de pays qui repose au pied du Säntis.

unnecessarily, that stability will in some way be disturbed by having the seating in the coaches arranged crosswise with one seat on one side and double seats on the other, it has been decided to have the corridor along half the length of the coach on one side, and along the other side in the second half of the coach, thus making certain that stability will be maintained."

Lively discussion also arose for another reason, namely whether the connection with the main line should be in Gossau or at Winkeln; a referendum in Herisau resulted in 1120 votes being in favour of Winkeln and 1009 for Gossau, reflecting the close connections which existed with St. Gallen. But the Bodensee–Toggenburg Railway, opened forty years later, gave a direct link with St. Gallen which largely removed the basis for the Herisau–Winkeln scheme of the AB. From 1910 to 1913 the AB and BT pooled the traffic from Herisau until the AB's new line from Herisau to Gossau could be opened, thereby providing a shorter route to Winterthur and beyond.

The coal shortage which arose during World War I nearly brought the AB to a standstill and led to plans being made to electrify the system. Shortage of finance imposed a makeshift solution with the purchase of two diesel-electric railcars. For lightly loaded services, they showed a marked economy over the steam-hauled trains. Finally in 1933 it was possible to carry out this electrification programme which, apart from many other advantages, enabled a much improved timetable to be designed.

In 1947 the "Säntisbahn" (Appenzell–Weissbad–Wasserauen) was absorbed by the AB; two years later, after adapting the electrical installations, it was possible to have through running from Gossau to Wasserauen. Efforts to amalgamate with the St. Gallen–Gais–Appenzell Railway (SGA) came to nothing because of local political differences in the two half-Cantons of Appenzell, but in the course of time, the trains of both railways have been running over each other's system.

The Appenzell Railway is celebrating its centenary, modernised with new technical equipment, and offers some pleasant rides through the peaceful countryside lying at the foot of the Säntis mountain.

30

30 Der Einstieg ins Appenzellerland vom St. Galler Rheintal her. Zug der St. Gallen–Gais–Appenzell–Altstätten-Bahn auf der 160‰-Zahnstangenstrecke Altstätten–Gais.

Montée du Rheintal saint-gallois vers l'Appenzell. Train du Chemin de fer St-Gall–Gais–Appenzell–Altstaetten sur la rampe à crémaillère de 160‰ Altstaetten–Gais.

Start of the journey from the St. Gallen Rhine valley up to the Appenzell country. A train of the St. Gallen–Gais–Appenzell–Altstätten Railways climbs up the 1 in 6 rack-and-pinion section between Altstätten and Gais.

31–33 Mit der SGA von Gais nach Appenzell. (31) Bei Gais mit Säntis. (32) Die SGA-«Hochbahn» in Appenzell; vorn die Appenzeller-Bahn-Linie nach Wasserauen. (33) Der Zug zielt auf die Sitterbrücke in Appenzell.

De Gais à Appenzell avec le SGA. (31) Près de Gais, et le Saentis. (32) Le chemin de fer «surélevé» SGA à Appenzell. Devant, la ligne pour Wasserauen du Chemin de fer de l'Appenzell. (33) Le train vise le pont de la Sitter à Appenzell.

By SGA to Appenzell. (31) Near Gais with the Säntis mountain. (32) The SGA "elevated railway" at Appenzell; in the foreground the Appenzell Railway line to Wasserauen. (33) Train approaching Appenzell on the Sitter viaduct.

31

32

33

34

35

34/35 Auf der Appenzeller Bahn (AB). (34) Zug der SGA auf der 1974 erbauten Vorspannbetonbrücke über den Kaubach bei Gontenbad. Die SGA-Züge fuhren zeitweise fahrplanmäßig auch auf der AB-Strecke Appenzell–Urnäsch. (35) Vor der großen Geleiseschleife in Urnäsch.

Chemin de fer de l'Appenzell (AB). (34) Train du SGA sur le pont en béton précontraint construit en 1974 sur le Kaubach près de Gontenbad. Les trains SGA circulaient parfois aussi sur le tronçon Appenzell–Urnaesch du Chemin de fer AB. (35) Devant la grande boucle de la voie près d'Urnaesch.

On the Appenzell Railway (AB). (34) An SGA train on the viaduct in pre-stressed concrete built in 1974 over the Kaubach at Gontenbad. Some SGA trains are regularly worked through over the AB section between Appenzell and Urnäsch. (35) Approaching the wide curves of the track at Urnäsch.

36 Appenzeller Landschaft bei Waldstatt mit Kronberg und Säntis.

Paysage appenzellois près de Waldstatt, avec le Kronberg et le Saentis.

The Appenzell country near Waldstatt with the Kronberg and Säntis mountains.

36

37

38

37 Die Hochzeitsreise mit dem Dampfzug der Appenzeller Bahn ist bei jedem Wetter stimmungsvoll. Die Lokomotive G 3/4 Nr. 14 gehörte ehemals der Rhätischen Bahn.

Le voyage de noces en train à vapeur du Chemin de fer de l'Appenzell est des plus attrayant par n'importe quel temps. La locomotive G 3/4 No 14 appartenait autrefois au Chemin de fer rhétique.

A wedding party on the steam-hauled train of the Appenzell Railway is always a happy occasion whatever the weather. The G 3/4 locomotive No. 14 used to be owned by the Rhaetian Railway.

38 Die Schwebebahn von der Schwägalp zum Säntis (2504 m ü.M.).

Le téléphérique de Schwaegalp au Saentis (2504 m s/m).

Cable railway from the Schwägalp to the Säntis (2504 metres above sea level).

39 Auf engen und steilen Schleifen windet sich der Zug der SGA der Talsohle von St. Gallen entgegen.

Le train SGA se faufile par des boucles étroites et raides vers le plateau de St-Gall.

An SGA train winds its way along sharp and steep curves down to the St. Gallen valley.

SGA
SGA
SGA

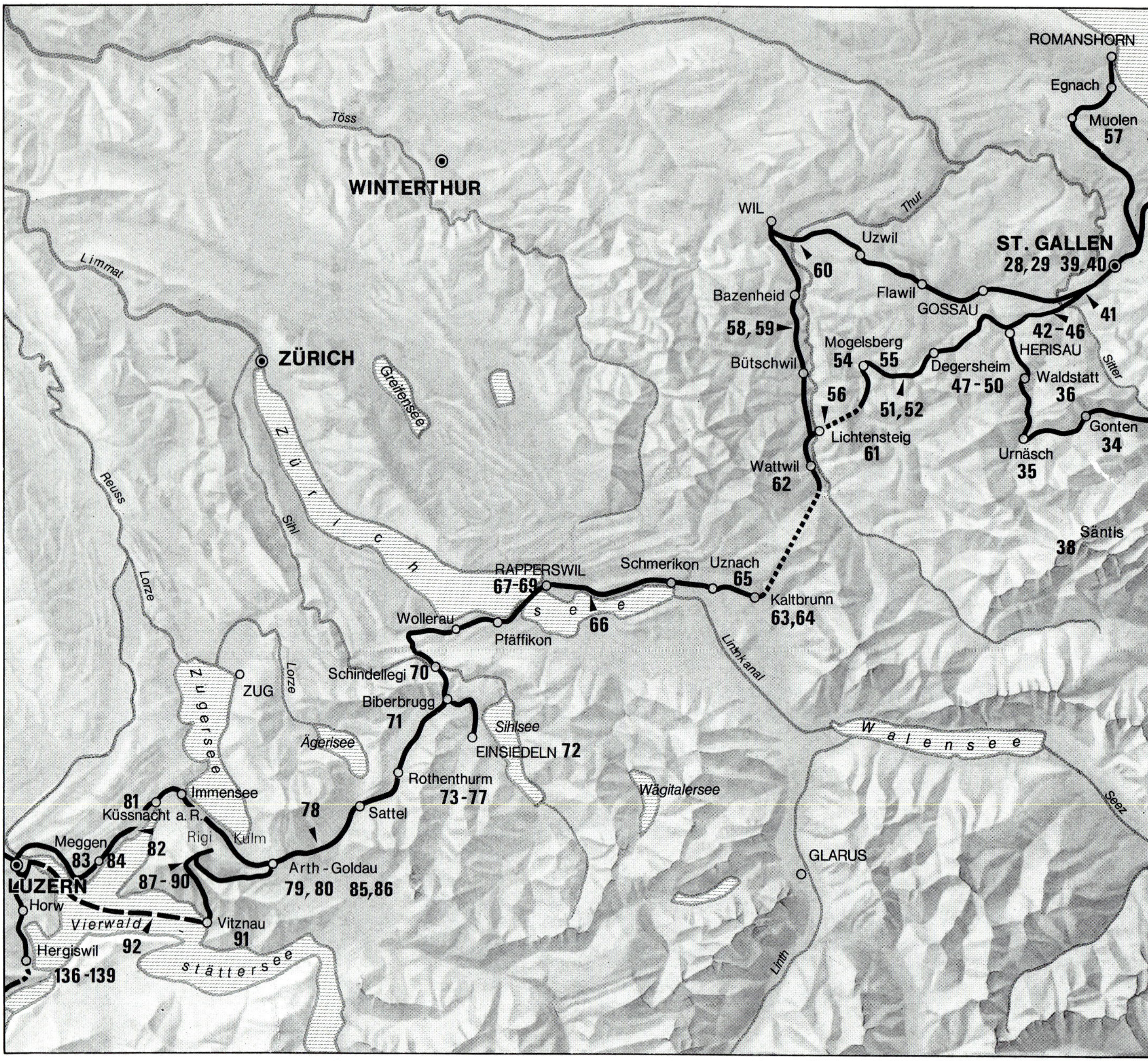
ROMANSHORN
Egnach
Muolen
57
Töss
WINTERTHUR
WIL
Thur
Uzwil
ST. GALLEN
28,29 39,40
60
Limmat
Bazenheid
Flawil
GOSSAU
41
58,59
42-46
HERISAU
Mogelsberg
54
55
Degersheim
47-50
Sitter
ZÜRICH
Greifensee
Bütschwil
Waldstatt
36
56
51,52
Lichtensteig
61
Gonten
34
Urnäsch
35
Zürich
Reuss
Wattwil
62
Sihl
Säntis
38
Lorze
RAPPERSWIL
67-69
Schmerikon
Uznach
65
Kaltbrunn
63,64
see
66
Wollerau
Pfäffikon
Linthkanal
Zugersee
ZUG
Lorze
Schindellegi 70
Biberbrugg
71
Sihlsee
Ägerisee
EINSIEDELN 72
Walensee
Rothenthurm
73-77
Wägitalersee
81
Immensee
78
Küssnacht a. R.
Sattel
Seez
Meggen
82
Rigi
Kulm
83
84
87-90
Arth-Goldau
79, 80
85,86
GLARUS
LUZERN
Horw
Vierwald
stättersee
Vitznau
91
92
Hergiswil
136-139
Linth

Bodensee-Toggenburg-Bahn BT

	Normalspur / Voie normale / Standard Gauge
1910–1912	Eröffnet / Ouverture / Opened
1931–1932	Elektrifiziert / Electrifié / Electrified: 15 kV ∼ a. c.
56 km	Länge / Longueur / Length
24‰	Maximale Neigung / Déclivité maximale / Ruling gradient (1 in 42)
	Einnahmen 1974 / Recettes 1974 / Receipts 1974
Fr. 6998355	Personenverkehr / Trafic voyageurs / Passenger traffic
Fr. 4232393	Güterverkehr / Trafic marchandises / Freight traffic

Die BT gehört zu den jüngeren Bahnlinien unseres Landes. Dies kann der aufmerksame Reisende selber feststellen, wenn er die Stationsgebäude ins Auge faßt, die zwar einheimische Stilelemente aufnehmen, aber offensichtlich neueren Datums sind. Außerdem gehören Niveauübergänge zu den Seltenheiten, weil man zur Zeit des Bahnbaues schon mit dem Automobil rechnen mußte.

Die Vorgeschichte der BT geht gleichwohl weit ins letzte Jahrhundert zurück. 1856 war die Verbindung Zürich–St.Gallen–Rorschach eröffnet worden; 1870 folgte die «Toggenburger Bahn» Wil–Wattwil–Ebnat-Kappel. Vom Toggenburg nach der Kantonshauptstadt St.Gallen und zum sanktgallischen Zipfel des Zürichsees mit Uznach und Rapperswil, aber auch nach Zürich mußten große Umwege befahren und bezahlt werden, so daß der Wunsch nach direkten Verbindungen immer dringlicher geäußert wurde. Daß dieser Wunsch so lange unerfüllt bleiben mußte, ist Schuld der Topographie: hohe Bergzüge und tief eingefressene Wasserläufe bilden Hindernisse, die nur mit hochentwickelter Ingenieurkunst und entsprechendem Geldaufwand überwunden werden konnten. Nur auf kurzen Strecken folgen die Linien der BT natürlichen Verkehrswegen; die Hauptlinie ist im Gegenteil zumeist quer zu Flußtälern und Bergriegeln angelegt. Der Reisende kommt deshalb häufig in den Genuß luftiger Talquerungen auf hohen und weitgespannten Brücken.

Daß die BT allen Schwierigkeiten zum Trotz zustande gekommen ist und daß das verwickelte Verkehrsproblem eine technisch und wirtschaftlich glückliche Lösung gefunden hat, ist in erster Linie das Verdienst des Stickereifabrikanten Isidor Grauer-Frey aus Degersheim. Er vermochte die Interessenten hinter sein Projekt einer Bahn mit Basistunnel durch den Ricken zu scharen; zwanzig Jahre nach seinem ersten öffentlichen Auftreten für eine Straßenbahn Flawil–Degersheim, am 3. Oktober 1910, konnte die alle ursprünglichen Projekte weit in den Schatten stellende «Bodensee–Toggenburg-Bahn» feierlich eröffnet werden. Zwei Jahre später, am 1. Oktober 1912, folgte die Zweigstrecke Ebnat-Kappel–Neßlau.

Le Chemin de fer Bodensee–Toggenbourg est un des plus jeunes de notre pays. Le voyageur attentif le remarque lui-même en découvrant les bâtiments de gare qui, s'ils respectent le style indigène, sont tout de même de date récente. En outre, les croisements rail-route constituent un rareté car, au temps de la construction de la ligne, il fallut déjà tenir compte de l'automobile.

L'histoire du BT remonte cependant loin dans le siècle dernier. La ligne Zurich–St-Gall–Rorschach a été ouverte en 1856. Quatorze ans plus tard suivait le «Chemin de fer du Toggenbourg» Wil–Wattwil–Ebnat-Kappel. Pour se rendre du Toggenbourg au chef-lieu de St-Gall et à la pointe saint-galloise du lac de Zurich, Uznach et Rapperswil par exemple, mais aussi à Zurich, le voyageur devait faire et payer de grands détours, de sorte que le désir d'avoir des relations directes fut exprimé avec toujours plus d'insistance. Si cette demande est restée si longtemps sans réponse, cela est dû à la topographie: de hautes chaînes de montagnes et des vallées profondes constituent des obstacles ne pouvant être surmontés que grâce à la science des ingénieurs et aux moyens financiers correspondants. Ce n'est que sur de courtes distances que les lignes du BT peuvent suivre les chemins de trafic naturels; la ligne principale est au contraire en majeure partie posée perpendiculairement aux vallées et aux verrous des montagnes. Le voyageur jouit ainsi fréquemment de traversées de vallées aérées en passant sur de grands ponts élevés.

Si le BT a pu malgré tout surmonter toutes les difficultés techniques et économiques, et trouver une heureuse solution aux problèmes de trafic, cela est en premier lieu dû aux mérites du fabricant de broderies Isidor Grauer-Frey, de Degersheim. Il a su intéresser d'autres milieux à son projet de création d'un chemin de fer franchissant un tunnel de base sous le Ricken. Vingt ans après sa première intervention publique en faveur d'un chemin de fer routier Flawil–Degersheim, le «Chemin de fer Bodan–Toggenbourg» était inauguré dans la joie, le 3 octobre 1910, laissant loin dans l'ombre tous les anciens projets. Deux ans plus tard, le 1er octobre 1912, la ligne annexe

The BT is one of the more recent railways to be built in Switzerland. The observant passenger can see this for himself when he looks at the station buildings which, although built in the local architectural style, are obviously of more recent construction. Furthermore, there are very few level crossings because when the line was built, the motor had already become a feature on the roads.

The historical stages in the construction of the BT, however, go well back into the middle of the last century. The Zurich–St. Gallen–Rorschach Railway was opened in 1856; in 1870, the Toggenburg Railway followed with its route from Wil to Wattwil and Ebnat-Kappel. But the journeys from the Toggenburg region to St. Gallen, capital of the Canton, as well as those in the other direction to where the Canton borders on Lake Zurich at Uznach and Rapperswil and to Zurich itself, involved a very circuitous route with correspondingly high fares, so that from many quarters there was growing agitation for more direct links. That these desires remained unfulfilled for so long arose from the topography; formidable mountain ranges and deep ravines presented obstacles which were to tax the engineer's ingenuity and to involve prodigious expenditure. Only very few sections of the BT follow a natural route; the main line, on the contrary, is for the most part laid across the river valleys and mountain ranges, to the delight of the passenger who can admire the view from so many lofty viaducts spanning the deep gorges below.

How the BT came to be built at all, despite these obstacles, and that a satisfactory technical and economic solution was found to this difficult transport problem is firstly due to the efforts of a knitwear manufacturer, Isidor Grauer-Frey who hailed from Degersheim. It was his advocacy which attracted the interested parties to his project for a deep-level tunnel through the Ricken range; twenty years after he first elaborated in public his plan for a tramway from Flawil to Degersheim, the ceremonial opening of the Bodensee–Toggenburg Railway (BT) took place on October 3, 1910, a scheme which put into the shade all previous projects. Two years

Dem Leser mag hier auffallen, daß von den Strecken Wattwil–Ebnat-Kappel und Wattwil–Rapperswil bisher nicht die Rede war. Ohne sie wäre die BT nur Stückwerk, trotzdem gehören sie sonderbarerweise nicht zu ihrem Eigentum, sondern sind Bestandteile des SBB-Netzes. Die Erklärung dafür liegt in historischen Zusammenhängen, die hier nur angedeutet werden können.

Die Strecke Wattwil–Ebnat-Kappel war, wie erwähnt, schon 1870 von der damaligen Toggenburger Bahn in Betrieb genommen worden, so daß der BT nur noch der Bau des restlichen Abschnittes nach Neßlau übrigblieb. Dies geschah 1912, also 10 Jahre nach der Gründung der Schweizerischen Bundesbahnen (SBB), in deren Netz auch die Toggenburger Bahn übergegangen war. Im Interesse einer rationellen Verkehrsbedienung einigten sich BT und SBB darauf, die Züge Wil–Neßlau und umgekehrt durchgehend zu führen.

Die mit ihrem 8,6 km langen Tunnel sehr kostspielige Rickenbahn wäre für die BT und den hinter ihr stehenden Kanton St. Gallen eine allzu schwere Last gewesen. Im Sinne einer Kostenteilung übernahm der Bund bzw. die SBB den Bau des Abschnittes Uznach–Wattwil, der, wenn man so will, als Verlängerung der SBB-Linie Wil–Wattwil in Richtung Rapperswil betrachtet werden konnte.

So kommt es, daß die BT auf verwickelte Weise mit den SBB verflochten ist und die Züge beider Unternehmungen samt Personal regelmäßig und auf weiten Strecken auf «fremdes» Gebiet übergehen. Außerdem besteht seit vielen Jahren eine enge Zusammenarbeit mit der anschließenden Schweizerischen Südostbahn (SOB), so daß den Reisenden zahlreiche direkte Züge Romanshorn–St. Gallen–Rapperswil–Arth-Goldau, teilweise mit Fortsetzung nach Luzern, zur Verfügung stehen.

1931/1932 wurden die Linien der BT elektrifiziert, während die SBB ihren Abschnitt Rapperswil–Wattwil schon 1927 auf elektrischen Betrieb umgestellt hatte. Dieser Vorsprung beruhte nicht ganz auf Freiwilligkeit: am 4. Oktober 1926 blieb im Rickentunnel ein Güterzug in der Steigung von 16‰ stekken, wobei sechs Mann des Personals und drei Angehörige der Rettungsmannschaft durch Gasvergiftung ums Leben kamen. Die seit jeher schwierigen Verhältnisse mit der Dampftraktion in diesem Tunnel mit Naturgasvorkommen und oftmals schlechten Lüftungsverhältnissen wurden daraufhin durch die vorverschobene Elektrifizierung saniert. Auf der SBB-Strecke Lichtensteig–Wattwil waren Dampflokomotiven noch bis 1943 zu sehen, in welchem Jahre die Strecke Wil–Wattwil im Rahmen der «Kriegselektrifizierung» den Fahrdraht erhielt.

Die Elektrifizierung der teils den SBB, teils der BT gehörenden Strecke Wattwil–Neßlau im Jahre 1931 gab Anlaß zu einer Neuregelung der Betriebsverhältnisse. Das SBB-Teilstück Wattwil–Ebnat ging pachtweise an die

Ebnat-Kappel–Nesslau était ouverte à son tour.

Le lecteur aura peut-être remarqué qu'il n'a pas été fait mention jusqu'ici des tronçons Wattwil–Ebnat-Kappel et Wattwil–Rapperswil. Sans eux, le BT ne serait pas complet bien que, curieusement, ils ne lui appartiennent pas, mais fassent partie du réseau des CFF. L'explication résulte de considérations historiques qui ne peuvent être qu'effleurées ici.

Comme déjà dit, le tronçon Wattwil–Ebnat-Kappel avait été mis en service en 1870 déjà par l'ancien chemin de fer du Toggenbourg, de sorte que le BT n'eut à construire que la section restante en direction de Nesslau. Ce qui fut fait en 1912, soit dix ans après la fondation des Chemins de fer fédéraux (CFF), dont le réseau avait absorbé la ligne du Toggenbourg. Dans l'intérêt d'un trafic rationnel, le BT et les CFF tombèrent d'accord pour faire transiter les trains de Wil à Nesslau, et vice versa.

Le long tunnel de 8 km 600 m d'un chemin de fer du Ricken eût été une charge trop lourde pour le BT et le canton de St-Gall qui l'appuyait. Dans le sens d'une répartition des coûts, les CFF reprirent, pour le compte de la Confédération, la construction du tronçon Uznach–Wattwil qui pouvait aussi être considéré comme le prolongement de la ligne CFF Wil–Wattwil en direction de Rapperswil.

C'est pour cette raison que se déroule le jeu assez compliqué du BT et des CFF voulant que les trains et le personnel des deux entreprises passent régulièrement et sur de longues distances sur le territoire du partenaire. Par ailleurs, il existe depuis de longues années une étroite collaboration avec la Compagnie du Chemin de fer Sud-Est suisse (SOB = Schweizerische Südostbahn), de sorte que de nombreux trains directs Romanshorn–Saint-Gall–Rapperswil–Arth-Goldau, qui continuent parfois même jusqu'à Lucerne, sont offerts aux voyageurs.

L'électrification des lignes du BT date des années 1931 et 1932, tandis que les CFF ont mis sous caténaire en 1927 déjà le tronçon Rapperswil–Wattwil. Ce progrès fut réalisé après une tragédie: le 4 octobre 1926, un train de marchandises tomba en panne sur la rampe de 16‰ du tunnel du Ricken et six agents d'accompagnement ainsi que trois hommes de sauvetage perdirent la vie à la suite d'émanations de gaz asphyxiants. Les conditions difficiles créées dans ce tunnel dès le début par la traction à vapeur, le gaz naturel et, souvent, la ventilation furent ensuite assainies par l'électrification. Des locomotives à vapeur circulèrent encore jusqu'en 1943 sur le tronçon CFF Lichtensteig–Wattwil, année durant laquelle la ligne Wil–Wattwil fut équipée de la caténaire dans le cadre de l'«électrification de guerre».

L'électrification en 1931 du parcours Wattwil–Nesslau que se partagent les CFF et le

later, on October 1, 1912, the extension from Ebnat-Kappel to Nesslau was opened.

The reader may by now be wondering why no mention has been made so far of the sections Wattwil–Ebnat-Kappel and Wattwil–Rapperswil. Without these two sections, the BT would be a fragmented system, but nevertheless it is a peculiar feature that they do not form part of its network but are, in fact, included in the Swiss Federal Railways (SBB). The explanation for this lies in history which can only be touched on here.

As already related, the Wattwil–Ebnat-Kappel section was opened in 1870 by what was still the Toggenburg Railway, so that all the BT had to do was to construct the remaining section to Nesslau. This took place in 1912, ten years after the SBB had been formed, absorbing the Toggenburg Railway with the other. In the interests of rational train working, agreement was reached between the BT and SBB to operate through trains in both directions between Wil and Nesslau.

The extremely costly Ricken Railway with its 8.6 km tunnel would have been an appalling strain on the BT and the finances of its backers, the Cantonal Government of St. Gallen. With a view to bearing some of the costs, the Federal Government stepped in by authorising the SBB to build the Uznach–Wattwil section which could, in some respects, be considered as being an extension of the SBB's Wil–Wattwil route towards Rapperswil.

This is how it came about that, after all these complications, the BT became very much integrated with the SBB and that trains and personnel of both undertakings travel long distances on "foreign" territory. For many years there has also been close working arrangements with the connecting Swiss South-Eastern Railway (SOB) so that the passenger has a choice of several through trains from Romanshorn via St. Gallen and Rapperswil to Arth-Goldau, some of these continuing still further to Lucerne.

The BT electrified its system in 1931–32, although the SBB had already carried out the conversion of the Rapperswil–Wattwil section in 1927. This earlier changeover was not entirely deliberate planning. On October 4, 1926, a freight train stalled in the Ricken tunnel on the 1 in 63 gradient, resulting in the deaths from asphyxiation of six of the train staff and three members of the rescue team. The difficulties arising from the use of steam traction through this tunnel with its noxious fumes and mostly bad ventilation were therefore removed at a stroke when it was decided to change to electric traction ahead of the programme. Steam locomotives were still to be seen on the SBB section between Lichtensteig and Wattwil until 1943 when, in accordance with the "war economy electrification programme" the Wil–Wattwil section was converted.

The electrification in 1931 of the Wattwil–

BT über, die damit die Betriebsführung der ganzen Strecke in ihre Hand bekam. Übrigens hatten die SBB von der Eröffnung der BT bis 1917 den Betrieb sämtlicher BT-Strecken besorgt; die vor allem beim Personal immer stärker ansteigenden Kosten bewogen die BT, ab diesem Zeitpunkt zum sparsameren Eigenbetrieb überzugehen.
Die BT erfreut sich unter den schweizerischen Privatbahnen seit Jahren eines ausgezeichneten Rufes. Modernes Rollmaterial, gut ausgebaute Fahrpläne, durchgehende Schnellzüge mit Speisewagen, nicht zuletzt aber auch die im Gegensatz zu den meisten Unternehmen dieser Art seit Jahrzehnten «stimmende Kasse» zeigen, was aus dem Instrument «Eisenbahn» auch unter wenig günstigen Umständen – keine großen Hauptlinien, keine Schwerindustrie, hohe Unterhaltskosten für die festen Anlagen – herausgeholt werden kann.

BT fut l'occasion de réglementer à nouveau les conditions d'exploitation. Le tronçon partiel des CFF Wattwil–Ebnat fut affermé au BT qui prit ainsi en main l'exploitation de toute la ligne. Par ailleurs, les CFF avaient déjà assuré le service de toutes les lignes BT de l'ouverture de celui-ci jusqu'en 1917. Les charges s'élevant toujours plus fortement surtout dans le secteur du personnel poussèrent le BT à reprendre dès ce moment à son compte l'exploitation, dès lors plus favorable.
Parmi les chemins de fer privés de la Suisse, le BT jouit d'une excellente renommée depuis des années. Matériel roulant moderne, horaires bien conçus, trains directs transitants et voitures-restaurants, puis surtout – à l'encontre de la plupart des entreprises de ce genre – des comptes équilibrés depuis des dizaines d'années montrent ce que peut devenir un chemin de fer, même si les conditions sont souvent peu favorables: pas de grandes lignes principales, pas d'industrie lourde, frais d'entretien élevés pour les installations fixes.

Nesslau branch, partly belonging to the SBB and partly to the BT, was the occasion for a change in working arrangements. The SBB section Wattwil–Ebnat was leased to the BT which thereupon took over the operation of the whole line. Further the SBB had been responsible for all the BT sections from the time when the railway was opened until 1917; increasing costs, principally for staff, compelled the BT from that date to make drastic economies within their own sphere of responsibility.
For many years, the BT has enjoyed a high reputation among the Swiss private railways. Modern rolling stock, a well-conceived timetable, through fast passenger trains with restaurant cars, and not least because, in contrast to the majority of undertakings of this nature, it has produced balanced financial results for many decades, all these factors combined demonstrate that even a railway undertaking confronted with several unfavourable features – no main line of importance, no heavy industry, high maintenance costs for fixed installations – can nevertheless make a success of its enterprise.

40

41

40 Mit der Bodensee–Toggenburg-Bahn (BT) von St. Gallen Richtung Toggenburg. (40) Der Zug aus Romanshorn beim Galgentobeltunnel kurz vor St. Gallen.

Avec le Chemin de fer Bodensee–Toggenbourg (BT) de St-Gall au Toggenbourg. (40) Train venant de Romanshorn près du tunnel du Galgentobel, peu avant St-Gall.

On the Bodensee–Toggenburg Railway (BT) from St. Gallen to Toggenburg. (40) The train from Romanshorn approaches the Galgentobel tunnel shortly before reaching St. Gallen.

41 Gübsensee bei St. Gallen, Ausgleichsbecken für das 1898–1900 erbaute Kraftwerk, das erste Wasserkraftwerk dieser Art in der Schweiz.

Gübsensee près de St-Gall, bassin de compensation pour la centrale électrique à auges construite entre 1898–1900, première de ce genre en Suisse.

Gübsensee near St. Gallen, storage reservoir for the Kubel generating station built in 1898–1900, the first hydraulic power station of this type in Switzerland.

42/43 Der Sitterviadukt der BT, höchste Normalspurbahnbrücke Europas in Stein-Eisen-Konstruktion. Länge 365 m, Höhe 99 m, Spannweite des eisernen Haupttträgers 120 m im Gewicht von 1000 t. Im Bild 42 ist unter dem letzten Wagen des Zuges das unter dem Träger nachträglich angebrachte Gegengewicht sichtbar, das den Gewölbeschub ausgleicht. Die eiserne Trägerkonstruktion wurde von einem hölzernen Gerüstturm in Brükkenmitte aus nach beiden Seiten vorgebaut.

Le viaduc du BT sur la Sitter, pont à voie normale le plus haut d'Europe (maçonnerie et acier). Longueur 365 m, hauteur 99 m, ouverture principale 120 m, poids 1000 t. La fig. 42 montre sous le dernier véhicule du train le contrepoids apposé après coup sous l'ossature en vue d'égaliser la poussée de la voûte. Cette ossature métallique a été construite à partir d'une tour d'échafaudage en bois au milieu du viaduc, alternativement dans les deux sens.

The Sitter viaduct of the BT, most lofty standard-gauge railway bridge in Europe, built with steel girders on masonry pillars. Length: 365 metres, height: 99 metres, span of the main girder: 120 metres, weight: 1000 tons. Fig. 42 shows, under the last coach of the train, the counterweight subsequently installed to compensate movement of the girder. The steel support structure was pre-fabricated in sections which were laid alternately to either side of the wooden scaffolding tower erected beneath the centre of the span.

42

43

44

45

44–46 Sitterviadukte der BT und der SBB bei St. Gallen-Bruggen.

Viaducs du BT et des CFF sur la Sitter, près de St-Gall-Bruggen.

The BT and SBB Sitter viaducts at St. Gallen-Bruggen.

46

BODENSEE TOGGENBURG
BODENSEE TOGGENBURG
BODENSEE TOGGENBURG

47

48

49

47–49 Der Weißenbach-Viadukt bei Degersheim; Länge 282 m, Höhe 64 m, 13 Gewölbeöffnungen. (48) Sonderfahrt mit BT-Lokomotive, zwei «Rheingold»-Wagen der ehemaligen Deutschen Reichsbahn und weiteren Wagen der Deutschen Bundesbahn. (49) Die große Dampfsternfahrt nach Degersheim vom 25. 9. 1965. Der von St. Gallen nach Degersheim dampfende Zug vereinigt die Lokomotiven E 3/3 5 der Sihltalbahn, Ec 3/5 1 der Mittelthurgaubahn, A 3/5 705 der SBB und A 3/5 38 1665 der DB.

Le viaduc du Weissenbach près de Degersheim: longueur 282 m, hauteur 64 m, 13 ouvertures. (48) Course spéciale avec locomotive BT, deux voitures «Rheingold» de l'ancien chemin de fer du Reich allemand et autres voitures du Chemin de fer fédéral allemand. (49) Le grand rallye des vapeurs vers Degersheim, le 25 septembre 1965. Le train St-Gall–Degersheim réunissait les locomotives E 3/3 No 5 du Chemin de fer de la vallée de la Sihl, Ec 3/5 No 1 de celui de la Thurgovie centrale, A 3/5 No 705 des CFF et A 3/5 No 38 1665 du Chemin de fer fédéral allemand.

The Weissenbach viaduct at Degersheim; length: 282 metres, height: 64 metres; 13 spans. (48) Special train hauled by a BT locomotive consisting of two "Rheingold" coaches of the old German Reichsbahn and other coaches of the German Federal Railway. (49) The impressive display of steam locomotives at Degersheim on September 25, 1965. The train which ran from St. Gallen to Degersheim was made up of a Sihltalbahn E 3/3 5 locomotive, an Ec 3/5 1 of the Mittelthurgaubahn, an A 3/5 705 of the SBB and an A 3/5 38 1665 of the German Federal Railway.

50 Waldbach-Viadukt bei Degersheim.

Viaduc du Waldbach près de Degersheim.

Waldbach viaduct near Degersheim.

50

51

52

51/52 Zwischen Degersheim und Mogelsberg. (51) Spitzmühle-Viadukt. (52) Aesch-Viadukt.

Entre Degersheim et Mogelsberg. (51) Viaduc de la Spitzmühle. (52) Viaduc d'Aesch.

Between Degersheim and Mogelsberg. (51) Spitzmühle viaduct. (52) Aesch viaduct.

53 Zwischen Mogelsberg und Brunnadern.

Entre Mogelsberg et Brunnadern.

Between Mogelsberg and Brunnadern.

54

55

56

57

58

54/55 Schmidli- und Josenbach-Viadukt bei Neckertal.

Viaducs de Schmidli et du Josenbach, près de Neckertal.

Schmidli and Josenbach Viaducts at Neckertal.

56 Hinter dem kurzen Tunnel das Westportal des 3556 m langen Wasserfluhtunnels bei Lichtensteig.

Derrière le court tunnel, le portail ouest de celui de la Wasserfluh, long de 3556 m, près de Lichtensteig.

Behind the short tunnel is the west entrance of the Wasserfluh tunnel (3356 metres long) near Lichtensteig.

57 Für festliche Anlässe hält die BT den «Amor-Expreß» bereit, hier bei Muolen.

Pour les fêtes et anniversaires, le BT met à disposition son «Amor-Express», ici près de Muolen.

For festive occasions the BT has a "Cupid Express" seen here at Muolen.

58 Auch die Zweiglinie Wil–Wattwil der SBB kann mit eindrucksvollen Brücken aufwarten. Guggenloch-Viadukt über d. Gonzenbach bei Lütisburg, erbaut 1944/45.

La déviation Wil–Wattwil des CFF est aussi fière de ses ponts imposants. Viaduc du Guggenloch sur le Gonzenbach, près de Lütisburg, construit en 1944/45.

The SBB branch line from Wil to Wattwil also includes some impressive bridges. The Guggenloch viaduct over the Gonzenbach at Lütisburg, built 1944/45.

59

60

59 Der gleiche Viadukt mit der hölzernen Thurbrücke bei Lütisburg.

Le même viaduc avec le pont de bois sur la Thur, près de Lütisburg.

The same viaduct with the wooden bridge across the Thur at Lütisburg.

60 Thurbrücke der SBB bei Schwarzenbach mit dem Trans-Europ-Expreß «Bavaria» Zürich–München.

Pont des CFF sur la Thur, près de Schwarzenbach, et le Trans-Europ-Express «Bavaria» Zurich–Munich.

The Thur bridge of the SBB near Schwarzenbach with Trans-Europ-Express "Bavaria" (Zurich–Munich).

61 Thurbrücke der BT in Lichtensteig.

Pont du BT sur la Thur, près de Lichtensteig.

The BT Thur bridge at Lichtensteig.

62 Bahnhof Wattwil mit Zügen der BT und SBB.

Gare de Wattwil et trains du BT et des CFF.

Wattwil station with BT and SBB trains.

61

62

63

64

63–66 Die Westrampe der Rikkenbahn. (63) Westportal des 8603 m langen Rickentunnels. Da gerade Rekonstruktionsarbeiten mit Profilverengungen im Gange sind, werden vorwitzige Reisende mit vier Reisbesen vom Fenster verscheucht. (64) Kaltbrunn. (65) Bei Uznach in Richtung Ricken. (66) Bei Bollingen am Obersee; im Hintergrund die Wägitaler Berge. Auf der Strecke Rapperswil–Uznach ein Vororttriebzug RABDe 12/12 der SBB.

La rampe ouest de la ligne du Ricken. (63) Portail ouest du tunnel du Ricken, long de 8603 m. Vu que des travaux de reconstruction réduisent son profil, les voyageurs curieux sont chassés des fenêtres au moyen de quatre balais de petites branches fixes. (64) Kaltbrunn. (65) Près d'Uznach en direction du Ricken. (66) Près de Bollingen au lac supérieur. A l'arrière-plan, les montagnes du Waegital. Sur la ligne Rapperswil–Uznach, un train de banlieue RABDe 12/12 des CFF.

The west incline of the Ricken railway. (63) West entrance to the Ricken tunnel (8603 metres). While reconstruction work was going on, with consequent restricted clearance, four birches were kept to chase inquisitive passengers away from the windows. (64) Kaltbrunn. (65) At Uznach, looking towards the Ricken. (66) At Bollingen on the Obersee; in the background lie the Wägitaler mountains. An SBB suburban mu RABDe 12/12 train passes over the Rapperswil–Uznach section.

65

66

67

67 Rapperswil mit Schloß von 1354 und Pfarrkirche aus der gleichen Epoche.

Rapperswil, son château de 1354 et son église paroissiale de la même époque.

Rapperswil with the castle dating from 1354 and the parish church from the same period.

Schweizerische Südostbahn SOB

	Normalspur / Voie normale / Standard Gauge
1877	Wädenswil–Einsiedeln eröffnet / Ouverture / Opened
1878	Rapperswil–Pfäffikon SZ eröffnet / Ouverture / Opened
1891	Pfäffikon SZ–Arth-Goldau eröffnet / Ouverture / Opened
1939	Elektrifiziert / Electrifié / Electrified: 15 kV ~ a. c.
48 km	Länge / Longueur / Length
50‰	Maximale Neigung / Déclivité max. / Ruling gradient (1 in 20)
	Einnahmen 1974 / Recettes 1974 / Receipts 1974
Fr. 5113653	Personenverkehr / Trafic voyageurs / Passenger traffic
Fr. 2855935	Güterverkehr / Trafic marchandises / Freight traffic

Die SOB zeichnet sich von allen normalspurigen Vollbahnen durch ihre starken Steigungen aus, die nur von der Uetlibergbahn (70‰) übertroffen werden und fast das Doppelte der Gotthardlinie (26‰) betragen. So ist es nicht verwunderlich, daß die namentlich für den Pilgerverkehr gebaute Linie Wädenswil–Einsiedeln ursprünglich als Zahnradbahn geplant war, und zwar nach einem eigens für diese Bahn erdachten neuen System des Zürcher Kantonsingenieurs Wetli. Statt der üblichen Leiter-Zahnstange waren Profileisen pfeilförmig auf den Schwellen befestigt, in welche eine an die Lokomotive montierte Walze mit ihrem Schraubenprofil eingriff. Im Gegensatz zur normalen Zahnstange ging der Eingriff kontinuierlich und ohne Stöße vor sich. Auf einer der ersten Probefahrten hob sich die Walze beim plötzlichen Bremsen aus den Pfeilschienen und der Zug verunglückte samt seiner Mannschaft nach einer rasenden Talfahrt.

Weitere Versuche mit Dampflokomotiven der Uetlibergbahn zeigten, daß die 50‰-Steigung entgegen der früheren Meinung durchaus im normalen Adhäsionsbetrieb bewältigt werden konnte, so daß der Betrieb ein volles Jahr nach der verhängnisvollen Probefahrt mit gemieteten Maschinen der genannten Bahn endlich aufgenommen werden konnte.

Dies war der mühsame Start der Wädenswil–Einsiedeln-Bahn, die finanziell auf so schwachen Füßen stand, daß die Gemeinden Wädenswil und Einsiedeln zwei Lokomotiven und alle Personen- und Güterwagen aus eigenen Mitteln anschaffen und der Bahn mietweise überlassen mußten. Erst 1887 erlaubten es die wachsenden Einnahmen aus dem Pilgerverkehr, das Rollmaterial in den Besitz der Bahn übergehen zu lassen.

Die Eröffnung der Gotthardbahn im Jahre 1882 weckte den Wunsch nach einer Verbindung von Rapperswil nach dieser neuen Transitlinie. Zu diesem Zweck wurde die «Zürichsee–Gotthardbahn-Gesellschaft» gegründet, die den Bau der Linien Rapperswil–Samstagern und Biberbrugg–Arth-Goldau in Angriff nahm. Diese Gesellschaft fusionierte 1889 mit

Le SOB se distingue de tous les chemins de fer à voie normale par ses fortes déclivités qui ne sont dépassées que par le Chemin de fer de l'Uetliberg (70‰) et qui s'élèvent presque au double de celles de la ligne du Saint-Gothard (26‰). Ce n'est donc pas étonnant que pour la ligne Wädenswil–Einsiedeln, construite notamment pour les transports de pèlerins, il ait été d'abord prévu un chemin de fer à crémaillère, selon un nouveau système étudié spécialement par l'ingénieur cantonal zurichois Wetli. Au lieu de la crémaillère habituelle en «échelle», des fers profilés en forme de chevrons devaient être fixés aux traverses sur lesquelles venait s'agripper un tambour au profil d'hélice, monté sur la locomotive. Au contraire de la crémaillère normale, ce système permettait un accrochage continu et sans à-coups. Au cours d'une des premières courses d'essai et lors d'un brusque freinage, le rouleau s'arracha des chevrons et le train s'emballa sur la pente avec son équipe, ce qui provoqua un accident.

D'autres essais eurent lieu avec des locomotives à vapeur du Chemin de fer de l'Uetliberg; ils montrèrent que contrairement à l'idée d'abord répandue, la rampe de 50‰ pouvait parfaitement bien être surmontée par la simple adhérence normale. Un an après la fatale course d'essai, l'exploitation pouvait enfin commencer avec des locomotives louées au dit chemin de fer.

Mais le départ du chemin de fer Wädenswil–Einsiedeln fut difficile: sa base financière était si instable que les communes de Wädenswil et d'Einsiedeln durent acheter elles-mêmes deux locomotives, toutes les voitures et tous les wagons, et les remettre en location au chemin de fer. Ce n'est qu'en 1887 que l'accroissement des recettes provenant des transports de pèlerins permit à la compagnie d'entrer en possession de ce matériel roulant.

L'ouverture de la ligne du Saint-Gothard en 1882 éveilla le désir de raccorder Rapperswil à cette nouvelle voie de transit. A cet effet fut fondée la «Compagnie Lac de Zurich–ligne du St-Gothard» qui entreprit la cons-

One feature of the SOB (South-Eastern Railway) which makes it different from other standard-gauge railways is that its route includes severe gradients, exceeded only by the Uetliberg Railway in Zurich (1 in 14) and almost double that of the Gotthard Railway (1 in 37). It is therefore not surprising that the Wädenswil–Einsiedeln section, built mainly to serve the pilgrim traffic, was originally planned as a cogwheel railway, laid to a system peculiar to this railway alone, conceived by an engineer named Wetli who was Engineer to the Zurich Cantonal Government. Instead of the usual ladder-type rack rail, a toothed rail was laid on the sleepers which was engaged by a cylinder with a worm gear mounted on the locomotive. In contrast to the usual rack system, the Wetli system acted continuously without any jerking movement. But in the course of one of the preliminary trial runs, the cylinder came away from the toothed rail when the brakes were suddenly applied, and the train, together with its crew, came to grief after racing back downhill out of control.

Further trials carried out with steam locomotives on the Uetliberg Railway demonstrated that, despite earlier reservations to the contrary, the 1 in 20 gradient could be negotiated by normal adhesion rolling stock. Twelve months after the disastrous trial run, traffic could at last start moving with locomotives loaned by the Uetliberg Railway.

Such was the inauspicious start of the Wädenswil–Einsiedeln Railway whose financial situation was so precarious that the communities of Wädenswil and Einsiedeln purchased two locomotives and all the passenger coaches and goods wagons from their own resources and leased them to the railway. It was not until 1887 that improved receipts from the pilgrim traffic made it possible for the rolling stock to be acquired by the railway company.

The opening of the Gotthard Railway in 1882 aroused the interest of the inhabitants of Rapperswil to have a rail link with this new transalpine route. For this object the Lake

der Wädenswil–Einsiedeln-Bahn zur «Schweizerischen Südostbahn», die den Bahnbau zu Ende führte und 1891 die Durchgangslinie Rapperswil–Arth-Goldau in Betrieb nahm.
Die SOB fuhr mit ihren immer größer und stärker werdenden Dampflokomotiven und den grasgrünen Zweiachs-Personenwagen nicht schlecht; bis zur Krise nach 1930 erfreute sie sich einer guten Rentabilität. Der schrumpfende Verkehr brachte sie in eine kritische Lage, in welcher nur die gründliche Modernisierung der Bahn – vor allem die Umstellung auf elektrischen Betrieb – Rettung versprach. Das Werk kam gerade rechtzeitig unter Dach, bevor der Zweite Weltkrieg ausbrach. Mit der Elektrifizierung waren auch die Voraussetzungen für eine Förderung des durchgehenden Reiseverkehrs Nordostschweiz–Zentralschweiz geschaffen; in Zusammenarbeit mit der BT und den SBB laufen seither direkte Personen- und Schnellzüge – zum Teil mit Speisewagen – von Romanshorn nach Arth-Goldau und Luzern. Das Rollmaterial konnte zum schönen Teil modernisiert werden; erstmals in der Schweiz stehen den Reisenden klimatisierte Wagen beider Wagenklassen zur Verfügung, und von den Berufspendlern, die täglich aus der Region nach Zürich und zurück fahren, sind die Kunden des SOB-Zuges nach Zürich die einzigen, die Frühstück und Schlummertrunk im Zuge einnehmen können.

truction des lignes Rapperswil–Samstagern et Biberbrugg–Arth-Goldau. Cette compagnie et le chemin de fer Wädenswil–Einsiedeln fusionnèrent en 1889 pour devenir le «Chemin de fer du Sud-Est suisse» qui acheva la construction et mit en service en 1891 la ligne directe Rapperswil–Arth-Goldau.
Le SOB s'en tira assez bien avec ses locomotives à vapeur toujours plus grandes et plus fortes et ses voitures vertes à deux essieux; la rentabilité fut bonne jusqu'à la crise des années trente. Le recul du trafic le plaça dans une situation critique et seules la modernisation foncière du matériel roulant et surtout l'électrification de la ligne le sauvèrent du désastre. L'œuvre fut heureusement terminée à temps, soit avant l'éclatement de la Deuxième Guerre mondiale. L'électrification permit d'intensifier les transports de voyageurs directs entre le Nord-Est et le centre de la Suisse. Dès lors, en collaboration avec le BT et les CFF, des voitures et des trains directs, souvent avec voiture-restaurant, circulent de Romanshorn à Arth-Goldau et même Lucerne. Le matériel roulant a été modernisé en grande partie. Pour la première fois en Suisse, des voitures climatisées des deux classes furent mises à la disposition des voyageurs et parmi les abonnés réguliers qui, de cette région, se rendent chaque jour à Zurich et en reviennent, les clients du train SOB pour Zurich et retour sont les seuls à pouvoir prendre leur petit déjeuner et, lors de la rentrée, une boisson dans le train.

Zurich and Gotthard Railway Company was formed to build the railways from Rapperswil to Samstagern and Biberbrugg to Arth-Goldau. In 1889 this company amalgamated with the Wädenswil–Einsiedeln Railway and the name was changed to Swiss South-Eastern Railway (SOB) which carried on the construction work to finality in 1891 and began to work through trains from Rapperswil to Arth-Goldau.
With more powerful locomotives and its bright green coaches, the SOB achieved a fair degree of prosperity, earning substantial profits up till 1930. After that, traffic began to fall off and the railway faced a critical situation which in the end could only be resolved by wholesale modernisation, more particularly by going over to electric traction. Just before World War II broke out, the conversion was completed, bringing in its wake the possibility of working through passenger trains between North-East and Central Switzerland; in co-operation with the BT and the SBB, both ordinary and limited stop passenger trains – some of them with a restaurant car – are operated through from Romanshorn to Arth-Goldau and Lucerne. Most of the rolling stock could be replaced with modern coaches; it was on this route that the first coaches in Switzerland to be equipped with air conditioning in both classes of travel were introduced; and many of the commuters making their daily journeys from the region served by the SOB to Zurich are the only ones who can have breakfast in the train on their way to work in the morning, and "one for the road" in the evening during their journey home.

68/69 Die Brücke der Südostbahn zwischen oberem und unterem Zürichsee.

Le pont du Chemin de fer du Sud-Est (SOB) entre les lacs supérieur et inférieur de Zurich.

The South-Eastern Railway (SOB) bridge between the upper and lower Lake of Zurich.

68

69

70

71

70–72 Mit der SOB nach Einsiedeln. (70) Sihlbrücke in Schindellegi. (71) Pilgerzug aus Deutschland mit SOB- und SBB-Lok Re 4/4 in Biberbrugg. (72) Das Kloster Einsiedeln, ein Barockbau aus den Jahren 1704–1770, ist Ziel ungezählter Wallfahrer aus ganz Europa.

A Einsiedeln par le SOB. (70) Pont sur la Sihl à Schindellegi. (71) Train de pèlerins allemands avec locomotives Re 4/4 SOB et CFF à Biberbrugg. (72) Le cloître d'Einsiedeln, en style baroque des années 1704 à 1770, est le but d'innombrables pèlerins de toute l'Europe.

By SOB to Einsiedeln. (70) Sihl bridge at Schindellegi. (71) Pilgrims' special train from Germany with SOB and SBB Re 4/4 locomotives at Biberbrugg. (72) The Einsiedeln Abbey, a baroque structure built in 1704–1770 and the destination of countless thousands of pilgrims from all over Europe.

72

73

74

75

73–75 Auf der Hochebene von Rothenthurm. (73) Links Wehrturm der Morgarten-Talsperre (Letzi) von 1314, rechts Kirche von Rothenthurm. (74) Der längste Zug der SOB? 16 Wagen mit 1200 Reisenden Goldau–Rapperswil. Von den drei Triebfahrzeugen ist nur der Schiebetriebwagen sichtbar; im Hintergrund die Kirche von Rothenthurm. (75) Das Hochmoor von Altmatt gegen die Hohe Rone.

Sur le haut plateau de Rothenthurm. (73) A gauche, la tour de défense des lieux fortifiés du Morgarten, de 1314; à droite, l'église de Rothenthurm. (74) Le train le plus long du SOB? 16 voitures et 1200 voyageurs d'Arth-Goldau à Rapperswil. Sur les trois véhicules moteurs, on n'aperçoit que l'automotrice de renfort. A l'arrière-plan, l'église de Rothenthurm. (75) Le haut marais d'Altmatt vers la Hohe Rone.

On the plateau at Rothenthurm. (73) To the left, the 1314 watchtower (Letzi) brooding over the Morgarten valley; right the church of Rothenthurm. (74) The longest train run on the SOB? 16 coaches carrying 1200 passengers from Goldau to Rapperswil. Only one of the three powered railcars is visible; in the background Rothenthurm church. (75) The marshy plateau at Altmatt, looking towards the Hohe Rone.

76

77

78

76–80 Durch das Hochtal der Biber nach Arth-Goldau. (76) Alte und neue SOB-Züge zusammengekuppelt bei Altmatt. (77) Triebwagen von 1939 bei Biberbrugg. (78) Bei Steinerberg über dem Lauerzersee. (79) Einfahrt in das Luzerner Gleis des Bahnhofs Arth-Goldau. Dahinter die Mythen. (80) In entgegengesetzter Richtung fällt der Blick auf den Rigi. Im Bahnhof TEE-Zug «Gottardo» nach Mailand und Pendelzug der SOB.

A travers la vallée supérieure de la Biber vers Arth-Goldau. (76) Trains ancien et nouveau accouplés du SOB, près d'Altmatt. (77) Automotrice de 1939, près de Biberbrugg. (78) Près de Steinerberg au-dessus du lac de Lauerz. (79) Entrée à Arth-Goldau sur la voie de Lucerne. Derrière, les Mythen. (80) En direction contraire, le regard s'élève sur le Righi. En gare, le train TEE «Gottardo» pour Milan et le train-navette du SOB.

Through the elevated Biber valley to Arth-Goldau. (76) Old and new SOB trains coupled together near Altmatt. (77) 1939 railcar at Biberbrugg. (78) At Steinerberg above the Lauerz lake. (79) Entering the platform for Lucerne at Arth-Goldau station. In the background, the Mythen. (80) The view in the opposite direction is towards the Rigi. In the station are the TEE "Gottardo" heading for Milan and an SBB local train.

79

80

81

81–83 Am Küßnachtersee. (81) In Küßnacht am Rigi kommt der Vierwaldstättersee in Sicht. (82) BT-Pendelzug bei Merlischachen mit Pilatus. (83) SOB-Pendelzug bei Meggen mit Rigi.

Au bord du lac de Küssnacht. (81) A Küssnacht-sous-Rigi, on aperçoit le lac des Quatre-Cantons. (82) Train-navette du BT près de Merlischachen et le Pilate. (83) Train-navette du SOB près Meggen et le Righi.

On the lakeside at Küssnacht. (81) At Küssnacht am Rigi, the passenger gets a first view of Lake Lucerne. (82) A BT mu train at Merlischachen with the Pilatus. (83) An SOB mu train at Meggen with the Rigi.

82

83

84

84 Bei Meggen mit Nieder- und Oberbauen.

Près de Meggen et les Nieder- et Oberbauen.

At Meggen with Nieder- and Oberbauen.

Arth–Rigi-Bahn ARB

	Normalspur / Voie normale / Standard Gauge
	Zahnstange / Crémaillère / Rack and pinion ry. (Syst. Riggenbach)
1875	Eröffnet / Ouverture / Opened
1907	Elektrifiziert / Electrifié / Electrified: 1500 V = d. c.
11 km	Länge / Longueur / Length
200‰	Max. Neigung / Déclivité max. / Ruling gradient (1 in 43)
	Einnahmen 1974 / Recettes 1974 / Receipts 1974
Fr. 1640155	Personenverkehr / Trafic voyageurs / Passenger traffic
Fr. 105295	Güterverkehr / Trafic marchandises / Freight traffic

Die ARB steht immer etwas im Schatten der berühmteren Vitznau–Rigi-Bahn und erklimmt den Berg obendrein auf der Schattenseite. Den Titel der ersten Zahnradbahn der Schweiz hat sie aber nur knapp verfehlt, und bei der Elektrifizierung ist sie ihrer Konkurrentin um 32 Jahre zuvorgekommen. Diese Konkurrenz ist übrigens noch älter als die beiden über hundertjährigen Bahnen: Die oberste Teilstrecke Staffelhöhe–Rigi Kulm liegt auf dem Boden des Kantons Schwyz. Dieser erteilte die Bahnkonzession für diese Teilstrecke seinerzeit nicht der Vitznau–Rigi-Bahn (VRB) mit Sitz im Kanton Luzern, sondern der Arth–Rigi-Bahn mit Sitz im eigenen Kanton. Zwar durfte die VRB ein Gleis von der Staffelhöhe über fremdes Kantonsterritorium bis zum Kulm bauen lassen; dieses blieb aber im Besitz der ARB, die der Vitznauer Bahn für die Benützung dieser Strecke einen ansehnlichen Pachtzins abnimmt. Als die ARB bald nach Eröffnung der VRB ebenfalls den Betrieb aufnehmen konnte, tat sie dies auf der kritischen Teilstrecke auf einem eigenen, zum VRB-Trassee mehr oder weniger parallel verlaufenden Gleis. Beide Bahnen sind im Areal des Depots auf der Gipfelstation mit einer Schiebebühne verbunden, auf welcher die Fahrzeuge bei Bedarf von der einen auf die andere Bahn versetzt werden können.

Wie bei der VRB und der gleichaltrigen Rorschach–Heiden-Bergbahn wurde bei der ARB die Normalspur angewandt, die zur damaligen Zeit noch allgemein verbindlich war. Sie hat denn auch in Goldau eine direkte Gleisverbindung zum SBB-Netz, die gelegentlich für lokale Dienstgütertransporte benützt wird. Von 1882 bis zum Umbau des GB-Bahnhofs 1897 hatten die ARB-Züge ihren Ausgangspunkt im alten GB-Bahnhof (heute Dienstgebäude) gleich neben den Zügen der Gotthardbahn. Nach dem Bau der Linien Luzern–Arth-Goldau und Zug–Arth-Goldau mußte sich die ARB in einem eigenen Hochbahnhof neu einrichten.

Die frühe Elektrifikation brachte der Bahn verschiedene Vorteile; erst in späteren Jahren machten sich die Mängel der doch etwas pri-

Si, au figuré, l'ARB se trouve toujours quelque peu à l'ombre du célèbre Chemin de fer Vitznau–Righi du flanc sud de la montagne, il escalade celle-ci au propre du côté ombragé. Il n'a manqué que de fort peu le titre de premier chemin de fer à crémaillère de la Suisse, mais il a électrifié sa ligne 32 ans avant son concurrent. Cette concurrence d'ailleurs est encore plus ancienne que ces deux chemins de fer plus que centenaires. Le tronçon supérieur Staffelhöhe–Righi-Kulm se trouve sur le territoire schwytzois. Ce canton ne remit pas, en son temps, la concession ferroviaire pour ce tronçon partiel au Chemin de fer Vitznau–Righi (VRB), dont le siège est dans le canton de Lucerne, mais bien à la compagnie Arth–Righi située dans son propre canton. Le VRB eut cependant la possibilité de construire sa propre ligne entre Staffelhöhe et le sommet sur territoire cantonal étranger. Cette voie resta toutefois en possession de l'ARB qui perçoit un fermage important du chemin de fer de Vitznau pour l'exploitation de ce parcours. Lorsque, peu de temps après l'ouverture du VRB, l'ARB ouvrit également sa ligne, il le fit sur le parcours en question sur un propre tracé, plus ou moins parallèle à celui du VRB. Les deux chemins de fer sont reliés dans l'enceinte du dépôt de la gare du sommet par une plate-forme roulante permettant, au besoin, aux véhicules des deux chemins de fer de passer sur la voie du partenaire.

Comme pour le VRB et le chemin de fer de montagne Rorschach–Heiden datant de la même année, la voie normale, très en vogue alors, fut adoptée pour l'ARB. Ce dernier possède aussi une voie de raccordement directe au réseau des CFF, occasionnellement utilisée pour les transports de marchandises locaux en service. Jusqu'au moment de la transformation de la gare CFF d'Arth-Goldau, en 1897, les trains ARB avaient leur point de départ dans l'ancienne gare CFF (aujourd'hui bâtiment de service), près des trains de la ligne du Saint-Gothard. Mais après la construction des lignes Lucerne–Arth-Goldau et Zoug–Arth-Goldau, l'ARB dut construire sa propre gare en surélévation.

The ARB has tended to be somewhat overshadowed by the famous Vitznau–Rigi Railway and in fact its route up to the summit lies in the shade of the northern slopes. It only just missed becoming the first mountain rack railway in Switzerland, but its electrification was carried out some 32 years earlier than its competitor. This rivalry goes back, however, even before the hundred years of both railways' existence; the upper section from Staffelhöhe to Rigi Kulm lies on the territory of the Canton Schwyz. The Schwyz Government gave the concession for this section, not to the Vitznau–Rigi Railway (VRB) administered from its offices located in the neighbouring Canton of Lucerne, but to the ARB which had its headquarters in its own Canton. The VRB was, however, permitted to build its own track from Staffelhöhe over the "foreign" Canton's territory up to the Rigi summit; but this remained the property of the ARB which exacted a substantial rent from the Vitznau railway for the use of this section. Shortly after the VRB had started to operate, the ARB was also able to commence working, but on the critical section its trains ran over their own track more or less parallel to the VRB line. Both tracks were connected by a traverser inside the small running shed at the summit which made it possible for the vehicles of both undertakings to run on either railway whenever necessary.

The ARB was laid to standard gauge, like the VRB and the Rorschach–Heiden Mountain Railway dating from the same period when this gauge was mandatory for all railways in Switzerland. At Goldau it therefore had its tracks connected to those of the main-line Gotthard Railway (absorbed into the SBB in 1909) and has been occasionally used for conveying railway service equipment from one system to the other. At first the ARB trains started from the same station (now an administrative building) alongside the platforms used by the Gotthard trains. After the routes from Lucerne and Zug to Arth-Goldau were opened in 1897 and the station was rebuilt, the ARB was obliged to provide its

mitiven elektrischen Einrichtungen und Fahrzeuge bemerkbar. Gegen Ende der 1940er Jahre schritt man deshalb an eine grundlegende Modernisierung der Anlagen und Fahrzeuge, was praktisch einer zweiten Elektrifizierung gleichkam. Die alten Triebwagen erscheinen nur noch bei Großverkehr auf der Strecke; historisch Interessierte haben dann das Vergnügen, sich in den hundertjährigen Vorstellwagen (dem Triebwagen vorgestellte Personenwagen) niederlassen zu können.

L'électrification en 1907 déjà de ce chemin de fer lui apporta différents avantages. Plus tard, certaines carences se firent sentir dans les installations électriques plutôt primitives, et aux véhicules. Vers la fin des années quarante, cette compagnie procéda pour cette raison à la modernisation foncière des installations et du matériel roulant, ce qui ressembla pratiquement à une deuxième électrification. Les anciennes automotrices n'apparaissent plus qu'en cas de fort trafic sur la ligne. Ceux qu'intéresse l'histoire ont alors le plaisir de prendre place dans les voitures d'époque qui étaient et sont alors encores poussées, à la montée, par l'automotrice.

own platform and station situated at an upper level across the Gotthard tracks.

The conversion to electric traction at an early date brought a number of advantages; it is only comparatively recently that the railway started to experience difficulty with obsolescent electrical equipment and rolling stock. In the late 'forties, a thorough modernisation programme was implemented involving the acquisition of new rolling stock and what amounted to a new electrification scheme. The ancient railcars are brought into service only when peak traffic conditions arise; railway history enthusiasts are then able to enjoy a ride in the century-old "front trailer" i.e. the passenger coach pushed uphill from behind by the powered railcar.

85/86 Arth-Goldau – umsteigen nach Rigi-Kulm! (85) Der Hochbahnhof der Arth–Rigi-Bahn (ARB) stammt von 1897, dem Eröffnungsjahr der Linie Zug–Arth-Goldau. Vor dem großen Bahnhofumbau jenes Jahres warteten die ARB-Züge auf einem Gleis, das gleich neben jenem der Gotthardbahn verlief. (86) Neues und altes Rollmaterial im Depot Goldau.

Arth-Goldau, changement de train pour le Righi-Kulm. (85) La gare surélevée du Chemin de fer Arth–Righi (ARB) date de 1897, année d'ouverture de la ligne Zoug–Arth-Goldau. Avant les grandes transformations de la gare de cette année-là, les trains ARB s'arrêtaient sur une voie posée juste à côté de celle du St-Gothard. (86) Matérial roulant nouveau et ancien du dépôt de Goldau.

Arth-Goldau – change for Rigi-Kulm! (85) The elevated station of the Arth–Rigi Railway (ARB) dating from 1897 when the main line from Zug to Arth-Goldau was opened. Prior to the complete rebuilding of the station in that year, ARB trains waited on a track adjoining that of the Gotthard Railway. (86) Old and new rolling stock at the Goldau sheds.

85

86

87

88

87–89 Auf den Höhen des Rigi. (87) Die blau-weiße ARB und die rote VRB in Rigi-Staffel. Jede Bahn hat bis Rigi-Kulm ein eigenes Gleis zur Verfügung, die aber beide der ARB gehören. (88) Von Zeit zu Zeit setzt die Vitznau–Rigi-Bahn ihren Dampfzug in Betrieb. (89) Rigi-Kulm mit Pilatus. Im Bahnhof je ein ARB- und ein VRB-Zug.

Sur les hauteurs du Righi. (87) Voitures bleu-blanc de l'ARB et rouge du Vitznau–Righi, à Righi-Staffel. Chaque compagnie dispose d'une voie propre jusqu'au sommet (Kulm), mais les deux appartiennent à l'ARB. (88) De temps à autre, le Chemin de fer Vitznau–Righi fait circuler son train à vapeur. (89) Righi-Kulm et Pilate. En gare, un train de l'ARB et un du VRB.

On the heights of the Rigi. (87) Blue-and-white ARB and red VRB coaches at Rigi-Staffel. Each railway has its own track up to the summit at Rigi-Kulm, although both belong to the ARB. (88) From time to time the Vitznau–Rigi Railway operates its steam-hauled train. (89) Rigi-Kulm with the Pilatus. ARB and VRB trains at the station.

RIGI-KULM
VRB

Vitznau–Rigi-Bahn VRB

	Normalspur / Voie normale / Standard Gauge
	Zahnstange / Crémaillère / Rack and pinion ry. (Syst. Riggenbach)
1871	Eröffnet / Ouverture / Opened
1939	Elektrifiziert / Electrifié / Electrified: 1500 V = d. c.
7 km	Länge / Longueur / Length
250‰	Max. Neigung / Déclivité max. / Ruling gradient (1 in 4)
	Einnahmen 1974 / Recettes 1974 / Receipts 1974
Fr. 2324804	Personenverkehr / Trafic voyageurs / Passenger traffic
Fr. 216755	Güterverkehr / Trafic marchandises / Freight traffic

Erste Zahnradbahn Europas, gebaut von Niklaus Riggenbach nach dem von ihm erfundenen Zahnstangen/Zahnrad-System. Daß der Rigi als erster Berg Europas mit einer Bahn erschlossen wurde, verdankt er seiner zentralen Lage unweit großer Städte und Fremdenzentren und selbstverständlich seiner unvergleichlichen Aussicht. Die guten Bahn- und Seilbahnverbindungen auf diesen weltberühmten Berg haben ihn bis zum heutigen Tag vor dem Ansturm des Automobils bewahrt und ihm den Ruf eines idealen Wanderparadieses zu jeder Jahreszeit eingetragen.
Riggenbachs Ideen und Werke haben auf der ganzen Welt Spuren hinterlassen; kaum ein Kontinent ist ohne Zahnradbahn geblieben, und die Zahnstangen von 1871 leisten nach über hundert Jahren immer noch ihren Dienst auf der Rigibahn.
Die Bahn nannte sich übrigens bis 1971 «Rigi-Bahn»; erst dann nahm man Notiz vom Bestehen einer weiteren Rigibahn und schritt zur Umtaufe in «Vitznau–Rigi-Bahn». Doch hören wir Mark Twain:
«Gegen Mittag nahmen wir den Weg wieder unter die Füße und strebten frischen gewaltigen Schrittes dem Gipfel zu. Als wir etwa 200 Meter (!) marschiert waren und anhielten, um zu rasten, blickte ich beim Anzünden meiner Pfeife von ungefähr nach links und entdeckte in einiger Entfernung eine Rauchsäule, die wie ein langer schwarzer Wurm lässig den Berg hinauf kroch. Das konnte nur der Rauch einer Lokomotive sein. Auf unsere Ellbogen gestützt, stierten wir das uns völlig neue Mirakel dieser Bergbahn an. Es erschien unglaublich, daß das Ding auf einer schiefen Ebene, steil wie ein Dach, schnurgerade aufwärts kriechen konnte; es geschah aber vor unseren Augen: ein leibhaftiges Wunder.»
Die Rauchsäulen sind zwar seit 1939 verschwunden, doch sind zwei Dampflokomotiven übriggeblieben, die bei besonderen Gelegenheiten zur Freude der Romantiker den Berg in Angriff nehmen.
Bemerkenswert für eine Bergbahn ist die 1890 m lange Doppelspur Freibergen–Kaltbad, die schon seit 1874 den oftmals recht regen Zugsverkehr flüssig abzuwickeln hilft.

Ce premier chemin de fer à crémaillère d'Europe a été construit par Nicolas Riggenbach selon le système rail-crémaillère/roue dentée inventé par lui-même. Si le Righi fut la première montagne en Europe à être équipée d'un chemin de fer à crémaillère, il le doit à sa position centrale non loin de grandes villes et de centres touristiques ainsi que, naturellement, au merveilleux panorama qui enchante là-haut le promeneur. Sur cette montagne connue dans le monde entier, les bonnes communications par chemins de fer et téléphériques l'ont préservée jusqu'à présent des assauts de l'automobile et lui garantissent la renommée de paradis idéal de promenades à n'importe quelle saison.
Les idées et l'œuvre de Riggenbach ont laissé des traces dans tout le monde. Des chemins de fer à crémaillère ont été construits dans les cinq continents et les crémaillères de 1871 sont toujours mises à contribution après cent ans sur cette ligne du Righi.
Jusqu'en 1971, la ligne s'appelait «Chemin de fer du Righi». Ce n'est qu'alors seulement qu'on semble avoir pris conscience du fait qu'il existe un autre chemin de fer du Righi et on changea le nom du premier en «Chemin de fer Vitznau–Righi». Voici ce que nous apprend Mark Twain:
«Vers midi, nous reprîmes à grands pas le chemin en direction du sommet. Après avoir marché environ 200 mètres (!), nous fîmes halte pour nous reposer; je regardai un peu vers la gauche en allumant ma pipe et découvris à une certaine distance une colonne de fumée qui, tel un long ver noir montait paresseusement à l'assaut de la montagne. Ce ne pouvait être que la fumée d'une locomotive. Appuyés sur nos coudes, nous regardions fixement ce miracle entièrement nouveau que représentait ce chemin de fer. Il apparut que cette chose incroyable pouvait ramper sur un plan aussi incliné qu'un toit, en droite ligne vers le sommet. Cela se passa devant nos yeux: un vrai miracle!»
Les colonnes de fumée ont certes disparu depuis 1939, mais il reste deux locomotives à vapeur qui, à la grande joie des romantiques,

This was the first cogwheel railway in Europe, built by Niklaus Riggenbach in accordance with the rack-and-pinion system which he invented. The fact that the Rigi mountain was the first in Europe to be provided with a railway was due to its central position in Switzerland close to some large towns and tourist resorts and, of course, to the unrivalled panorama from its summit. The excellent rail and cableway services on this world-famous mountain have enabled it to live through the inroads of the motor car right up to the present day and given it a reputation as ideal walking country at all times of the year.
Riggenbach's invention and achievements had repercussions over many parts of the world; there is hardly a continent which does not have its cogwheel railway, and the rack system laid in 1871 has continued to give uninterrupted service on the Rigi for more than a century.
Up till 1971 it was known simply as the Rigi Railway and only at that late date was official notice taken that there was another railway up the Rigi and the name changed to Vitznau–Rigi Railway. But let us quote Mark Twain:
"We got under way about the turn of noon, and pulled out for the summit again, with a fresh and vigorous step. When we had got about two hundred yards, and stopped to rest, I glanced to the left, while I was lighting my pipe, and in the distance detected a long worm of black smoke crawling lazily up the steep mountain. Of course, that was the locomotive. We propped ourselves on our elbows at once, to gaze, for we had never seen a mountain railway yet. Presently we could make out the train. It seemed incredible that the thing should creep straight up a sharp slant like the roof of a house – but there it was, and it was doing that very miracle."
Since 1939 the columns of smoke have disappeared, but two steam locomotives have been preserved and on special occasions make the trip up the mountain to the delight of the enthusiasts seeking to recall the romantic past.

s'attaquent encore à la montagne dans des occasions particulières.
Chose remarquable pour un chemin de fer de montagne, il comprend une voie doublée sur une longueur de 1890 m entre Freibergen et Kaltbad qui, déjà depuis 1874, a permis d'écouler un trafic ferroviaire souvent intense.

A remarkable feature for a mountain railway is the considerable length of double track, 1890 metres long, from Freibergen to Kaltbad which, since it was laid in 1874, has been of vital importance for enabling trains to cope efficiently with the peak traffic which often arises.

90

90–92 Vom Rigi nach Luzern mit Bahn und Schiff. (90) Rigi-Staffel mit Zugersee. (91) Bahnhof Vitznau in der Hoch- und Dampfsaison. (92) Die geruhsame Etappe Vitznau–Luzern.

Du Righi à Lucerne par le train et le bateau. (90) Righi-Staffel et le lac de Zoug. (91) Gare de Vitznau, haute saison et vapeur. (92) Le voyage reposant de Vitznau à Lucerne.

From the Rigi to Lucerne by train and ship. (90) Rigi-Staffel with Lake Zug. (91) Peak holiday traffic at Vitznau station. (92) A peaceful section of the journey from Vitznau to Lucerne.

91

92

93

94

93–95 Schiffs-Endstation Luzern. (93) Die Türme der Hofkirche. (94) Wartehalle und Schiff atmen den Geist der «Belle époque». (95) DS «Uri» vor der Luzerner Hotelfront.

Lucerne, terminus du bateau. (93) Les tours de l'«église de la cour». (94) La salle d'attente et le bateau respirent l'esprit de la «Belle époque». (95) Le vapeur «Uri» devant les hôtels de Lucerne.

The lakeside shipping terminus at Lucerne. (93) The towers of the Cathedral (Hofkirche). (94) Waiting room and ship recall the atmosphere of the "Belle époque". (95) Steamship "Uri" in front of the hotels facing Lake Lucerne.

95

96

97

96–103 Bahnhof Luzern, Treffpunkt von sechs Bahnen und zwei Spurweiten. (96) Warten auf den Zug nach Bern. (97) Die meterspurige Brünigbahn und der normalspurige Rangierzug. Die Gleise beider Spuren sind vielfach ineinander verflochten. (98) Das SBB-Depot mit Zug der Luzern–Stans–Engelberg-Bahn (LSE), Triebwagen De 4/4 für die Seetallinie, Re 4/4 II-Lok, RBe 4/4-Triebwagen und Rangierfahrzeugen. (99) Pendelzug der SOB nach Rapperswil–St. Gallen. (100) Im komfortablen Speisewagen der BT nach St. Gallen–Romanshorn. (101) Der Pendelzug der Vereinigten Huttwil-Bahnen (VHB) aus Langenthal. (102) Die Luzern–Stans–Engelberg-Bahn. (103) Meterspurwagen der Berner-Oberland-Bahnen (BOB), SBB (Aussichtswagen) und LSE.

Gare de Lucerne, point de rencontre de six chemins de fer différents et de deux écartements de voies. (96) Dans l'attente du train pour Berne. (97) Chemin de fer à voie métrique du Brunig et train de manœuvre sur voie normale. Les voies des deux écartements se confondent souvent l'une dans l'autre. (98) Dépôt CFF et train Lucerne–Stans–Engelberg (LSE), automotrice De 4/4 pour la ligne du Seetal, locomotive Re 4/4 II, automotrice RBe 4/4 et véhicules de manœuvre. (99) Train-navette du SOB pour Rapperswil et St-Gall. (100) Dans la confortable voiture-restaurant du BT pour St-Gall et Romanshorn. (101) Train-navette des Chemins de fer réunis de Huttwil (VHB), de Langenthal. (102) Chemin de fer Lucerne–Stans–Engelberg. (103) Voitures à écartement métrique des Chemins de fer de l'Oberland bernois (BOB), des CFF (voiture panoramique) et du LSE.

98

99

100

101

102

103

Lucerne railway station, where six railway routes and two different gauges meet. (96) Waiting for the train to Berne. (97) The metre-gauge Brünig Railway and standard-gauge shunting operation. The tracks of both gauges are gauntletted at several places. (98) The SBB sheds with a train of the Lucerne–Stans–Engelberg Railway (LSE), a De 4/4 railcar for the Seetal line, Re 4/4 II locomotive, RBe 4/4 railcar and shunting engines. (99) SOB mu train for Rapperswil and St. Gallen. (100) Inside the comfortable BT restaurant car working to St. Gallen and Romanshorn. (101) United Huttwil Railways (VHB), mu train from Langenthal. (102) Lucerne–Stans–Engelberg Railway. (103) Metre-gauge coaches of the Berner-Oberland Railway (BOB), SBB (observation car) and the LSE.

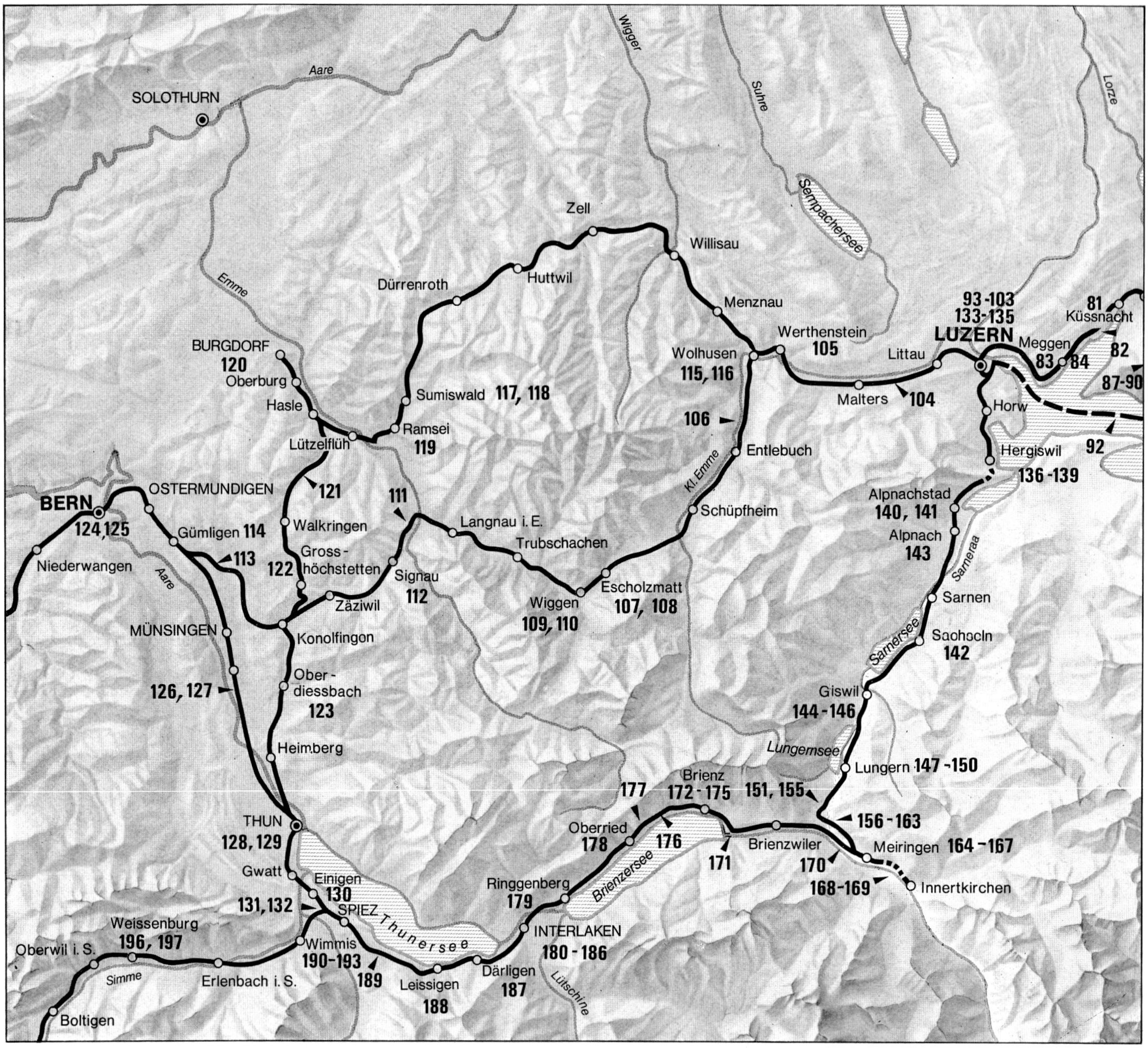
SOLOTHURN
Aare
Wigger
Suhre
Lorze
Sempachersee
Zell
Willisau
Emme
Dürrenroth
Huttwil
Menznau
BURGDORF
120
Oberburg
Hasle
Sumiswald 117, 118
Werthenstein
105
Wolhusen
115, 116
93-103
133-135
LUZERN
Littau
81
Küssnacht
Meggen
83 84
82
87-90
Malters
104
106
Horw
92
Ramsei
119
Lützelflüh
Entlebuch
Kl. Emme
Hergiswil
136-139
BERN
124,125
OSTERMUNDIGEN
121
111
Walkringen
Langnau i. E.
Schüpfheim
Alpnachstad
140, 141
Alpnach
143
Gümligen 114
113
Niederwangen
Aare
Gross-
höchstetten
122
Trubschachen
Signau
112
Escholzmatt
107, 108
Wiggen
109, 110
Zäziwil
Sarneraa
Sarnen
MÜNSINGEN
Konolfingen
Sarnersee
Sachseln
142
126, 127
Ober-
diessbach
123
Giswil
144-146
Heimberg
Lungernsee
Lungern 147-150
Brienz
177
172-175
151, 155
156-163
THUN
128, 129
Oberried
178
176
Brienzwiler
Meiringen 164-167
Gwatt
Einigen
130
171
170
131, 132
SPIEZ
Ringgenberg
179
Brienzersee
168-169
Innertkirchen
Thunersee
INTERLAKEN
180-186
Weissenburg
196, 197
Oberwil i. S.
Wimmis
190-193
189
Simme
Erlenbach i. S.
Leissigen
188
Därligen
187
Lütschine
Boltigen

104 Die Wallfahrtskapelle Blatten bei Littau.

La chapelle de pèlerinage de Blatten, près de Littau.

The shrine of Blatten near Littau.

105 Das ehemalige Kloster Werthenstein aus dem Anfang des 17. Jahrhunderts.

L'ancien cloître de Werthenstein, du début du XVIIe siècle.

The former Werthenstein monastery dating from the early 17th century.

104

105

106

106 Tunnelreicher Anstieg durch das Entlebuch.

Tracé riche en tunnels à travers l'Entlebuch.

Succession of tunnels through the Entlebuch.

107/108 Escholzmatt (853 m ü. M.), Wasserscheide zwischen Kleiner Emme–Reuß–Rhein und Ilfis–Emme–Aare–Rhein.

Escholzmatt (853 m s/m), partage des eaux entre la Petite-Emme (–Reuss–Rhin) et l'Ilfis (–Grande-Emme–Aar–Rhin).

Escholzmatt (853 metres above sea level), the watershed between the basin of the Kleine Emme–Reuss–Rhine and the Ilfis–Emme–Aare–Rhine.

107

108

109

110

109 In der Ilfisschlucht bei Wiggen, unweit der Kantonsgrenze Luzern–Bern.

Dans la gorge de l'Ilfis, près de Wiggen, non loin de la frontière cantonale Lucerne–Berne.

In the Ilfis gorge near Wiggen, close to the border between the Cantons of Lucerne and Berne.

110 Museumsfahrzeuge unterwegs bei Wiggen. Die Lok Ce 6/8 14201 von 1919 schleppt hinter dem Brems- und Dienstwagen einen «Blauen Pfeil» der BLS von 1935, den ältesten Dieseltriebwagen Europas – zuletzt bei der Traverstal-Bahn – von 1914, den Dampftriebwagen der Uerikon–Bauma-Bahn von 1902 und den ersten elektrischen Normalspurtriebwagen der Schweiz für die Orbe–Chavornay-Bahn von 1894.

Véhicules de musée près de Wiggen. La locomotive Ce 6/8 No 14201 de 1919 remorque derrière le wagon-frein et de service une «flèche bleue» du BLS, de 1935, la plus ancienne automotrice diesel d'Europe (finalement au Régional du Val-de-Travers), de 1914, l'automotrice à vapeur de la Cie Uerikon–Bauma, de 1902, et la première automotrice électrique pour voie normale de Suisse pour la Cie Orbe–Chavornay, de 1894.

Train of preserved coaches at Wiggen. The locomotive Ce 6/8 14201 built 1919 hauls behind the brake and service coach a "Blue Arrow", vintage 1935, of the BLS, the oldest diesel railcar in Europe (up till recently working on the Val de Travers Railway) built 1914, steam railcars of the Uerikon–Bauma Railway built 1902 and the first electric standard-gauge railcar in Switzerland built for the Orbe–Chavornay Railway 1894.

111 Die Ilfis in Emmenmatt bei der Einmündung in die Emme.

L'Ilfis se jette à Emmenmatt dans la Grande-Emme.

The Ilfis flows into the Emme at Emmenmatt.

112

113

112 Bei Worb. Im Hintergrund der Bantiger.

Près de Worb. Au fond le Bantiger.

At Worb. In the background the Bantiger.

113 Vor Gümligen begegnen sich die Entlebucher Linie und die Doppelspur Bern–Thun.

La ligne de l'Entlebuch et la double voie Berne–Thoune se rejoignent à l'est de Gümligen.

In front of Gümligen the Entlebuch railway joins the Berne–Thun double-track main line.

114 Emmentaler Bauernhäuser und Speicher bei Signau.

Maisons paysannes de l'Emmental et grenier près de Signau.

Emmental peasants' houses and barn at Signau.

114

SBB CFF
SBB FFS

Emmental–Burgdorf–Thun-Bahn EBT

	Normalspur / Voie normale / Standard Gauge
1875/1899	Eröffnet / Ouverture / Opened
1899/1932	Elektrifiziert / Electrifié / Electrified: 15 kV ~ a. c.
71 km	Länge / Longueur / Length
25‰	Max. Neigung / Déclivité max. / Ruling gradient (1 in 40)
	Einnahmen 1974 / Recettes 1974 / Receipts 1974
Fr. 5 137 736	Personenverkehr / Trafic voyageurs / Passenger traffic
Fr. 13 505 816	Güterverkehr / Trafic marchandises / Freight traffic

Vereinigte Huttwil-Bahnen VHB

	Normalspur / Voie normale / Standard Gauge
1889/1915	Eröffnet / Ouverture / Opened
1945/1946	Elektrifiziert / Electrifié / Electrified: 15 kV ~ a. c.
67 km	Länge / Longueur / Length
28‰	Max. Neigung / Déclivité max. / Ruling gradient (1 in 36)
	Einnahmen 1974 / Recettes 1974 / Receipts 1974
Fr. 1 991 394	Personenverkehr / Trafic voyageurs / Passenger traffic
Fr. 5 469 500	Güterverkehr / Trafic marchandises / Freight traffic

Diese beiden gemeinschaftlich betriebenen und vielfach verknüpften Bahnen sind das Ergebnis der Fusion von ursprünglich sechs selbständigen Gesellschaften, die sich in den an sich schon bescheidenen Verkehr des Emmentals und der angrenzenden Gebiete Richtung Thun und im Luzerner Hinterland teilten.
Die älteste ist die 1875 eröffnete Emmentalbahn (EB) mit der 1932 elektrifizierten Linie Solothurn–Burgdorf, die jüngste die 1915 in Betrieb genommene damalige Huttwil–Eriswil-Bahn (HEB). Weltruhm aber wurde der 1899 vollendeten Burgdorf–Thun-Bahn zuteil, die als erste Normalspurbahn Europas sich von Anfang an der elektrischen Traktion bediente. Eine der damaligen Drehstromlokomotiven für 750 Volt gehört zum Ausstellungsgut des Verkehrshauses in Luzern, eine weitere gleicher Bauart steht im Deutschen Museum in München. Dieses mit zwei voneinander isolierten Fahrleitungsdrähten arbeitende System wurde 1932 vom Einphasenwechselstromsystem abgelöst.
Die stets mit Finanzschwierigkeiten kämpfenden Bahnen der Huttwiler Gruppe (VHB) konnten erst 1945–1946 elektrifiziert werden; schon vorher war versucht worden, mit dem Einsatz von Dampftriebwagen mit Einmannbedienung die Personal- und Brennstoffkosten zu senken.
Dank der Hilfe von Bund und Kantonen konnten diese Bahnen trotz der teilweise ungünstigen Voraussetzungen nicht nur durchgehalten, sondern auch gründlich moderni-

Ces deux compagnies de chemins de fer exploitées en commun et étroitement liées entre elles résultent de la fusion de six compagnies autrefois autonomes qui se partageaient le trafic de l'Emmental et des régions avoisinantes en direction de Thoune et de l'arrière-pays lucernois.
La plus ancienne est le Chemin de fer de l'Emmental (EB) ouvert en 1875, comprenant la ligne Soleure–Berthoud électrifiée en 1932; la plus jeune, l'ancien Chemin de fer Huttwil–Eriswil (HEB), inauguré en 1915. Mais le Chemin de fer à voie normale Berthoud–Thoune, ouvert en 1899, acquit une renommée mondiale pour avoir été le premier en Europe à utiliser la traction électrique dès le début. Une des anciennes locomotives à courant triphasé de 750 volts se trouve maintenant à la Maison suisse des transports à Lucerne, et une autre de même type au Musée allemand de Munich. Ce système basé sur deux fils de contact isolés l'un de l'autre a été remplacé en 1932 par celui du courant monophasé.
Les chemins de fer du groupe de Huttwil (VHB), qui eurent de tout temps à se débattre avec des difficultés financières, n'ont été électrifiés qu'en 1945/46, mais auparavant déjà, ils avaient tenté d'abaisser les frais de personnel et de combustibles en utilisant des automotrices à vapeur à un seul agent.
Grâce à l'aide de la Confédération et des cantons, ces chemins de fer n'ont pas seule-

These two railway undertakings, operating under joint management and very closely integrated, were formed from the amalgamation of six formerly independent companies serving the relatively sparse traffic of the Emmental and the surrounding territory towards Thun and the Lucerne hinterland.
The oldest of these was the Emmental Railway (EB) opened in 1875 between Solothurn and Burgdorf and electrified in 1932; the most recent was the Huttwil–Eriswil Railway (HEB) opened for traffic in 1915. The Burgdorf–Thun Railway made history, however, when it was first opened in 1899 by being the first standard-gauge railway in Europe to be electrified from the start. One of the early A.C. locomotives, working with a traction current of 750 volts, is preserved in the Lucerne Transport Museum and another of the same type is in the Deutsche Museum in Munich. This electrified system, which operated from two overhead current wires insulated from each other, was replaced in 1932 by a single-phase A.C. system.
The Huttwil group (VHB) had to cope with continual financial difficulties and its system was electrified only as late as 1945–46; before that, experiments had been made with the use of steam-driven motor coaches operated by one man in an attempt to economise on traffic and fuel costs.
Thanks to help from the Federal Government and local Cantonal authorities, it was possible to keep these undertakings in busi-

siert werden. Bequeme Triebwagenzüge vermitteln gute Verbindungen in einer Gegend, die sowohl von den Wanderern als auch von den Freunden ländlicher Gastronomie gerne aufgesucht wird.
Eisenbahnhistoriker mag noch interessieren, daß die Langenthal–Huttwil-Bahn (1889) das Erbe der unvollendet gebliebenen Langenthal–Wauwil-Bahn angetreten hat. Von dieser Bahn, die dem internationalen Verkehr von Nordwesteuropa nach Italien in Konkurrenz zu einer geplanten und ebensowenig ausgeführten Jura–Gotthard-Bahn hätte dienen sollen, sind in der Gegend von Ebersecken und Altbüron noch angefangene Damm- und Tunnelbauten zu finden.

ment pu se maintenir, malgré des conditions souvent défavorables, mais être aussi foncièrement modernisés. Des rames automotrices confortables établissent de bonnes communications dans une région que connaissent aussi bien les promeneurs que ceux qui cherchent une gastronomie paysanne renommée.
Il intéressera les historiens du chemin de fer de savoir que le Chemin de fer Langenthal–Huttwil (1889) est l'héritage d'une ligne Langenthal–Wauwil restée inachevée. De cette dernière, qui aurait dû assurer un service international du Nord-Ouest de l'Europe vers l'Italie pour concurrencer un chemin de fer Jura–St-Gothard qui n'a jamais vu le jour non plus, subsistent des talus et des tunnels commencés dans la région d'Ebersecken et d'Altbüron.

ness, despite their somewhat doubtful prospects, and at the same time to carry through a large-scale modernisation. Comfortable multiple-unit trains now give excellent connections through an area which is the delight of walking enthusiasts as well as of those seeking out the country gastronomic delights for which the region is famous.
The railway historian will also be interested to find out that the Langenthal–Huttwil Railway (1899) took over the partly-completed Langenthal–Wauwil Railway. This ambitious scheme was planned to provide a link between North-Western Europe and Italy, in competition with the Jura–Gotthard Railway, another project which came to nothing; the only surviving traces of the former are to be found in the neighbourhood of Ebersecken and Altbüron where the partially-built embankments and tunnel borings can be seen.

Die SBB-Linie Bern–Langnau–Luzern

Die SBB-Linie Bern–Langnau–Luzern verbindet zwei Talschaften, zwei Städte und zwei Landesteile, nämlich die westliche Schweiz und das Tessin. Sie wird fast ausschließlich von modernen Pendelzügen befahren und ist mit neun Schnellzugpaaren im Zweistundenabstand vorzüglich bedient. Gewisse Züge bieten direkte Verbindungen von Genf nach Luzern und von Bern nach dem Tessin.
Man möchte es deshalb kaum glauben, daß diese Linie nur mit unendlichen Schwierigkeiten zustande gekommen ist und daß ihre Geschichte von Mißerfolgen und Skandalen gezeichnet war.
Da die damalige Schweizer Centralbahn mit Sitz in Basel entgegen ihren Versprechungen dem Kanton Bern gegenüber zwar die rentablen Hauptlinien baute und betrieb, sich aber nicht mit wirtschaftlich zweifelhaften Vorhaben befassen wollte, mußte für die Eisenbahn von Bern nach Langnau und weiter eine eigene Gesellschaft gegründet werden. Mit Unterstützung des Kantons Bern und Sitz in Bern nahm 1858 die «Ost–West-Bahn» ihre Tätigkeit auf; ihr Ziel war mit dem Bau der Linien Neuenstadt–Biel–Bern und Bern–Langnau–Luzern–Zürich sowie Bern–Thun recht weit gesteckt. Zu weit, wie sich bald erwies, denn bald nach Beginn der ersten Bauarbeiten waren die finanziellen Mittel der Gesellschaft erschöpft. Eigene Unzulänglichkeiten und das «freundnachbarliche» Wirken der großen Konkurrenten Centralbahn und Nordostbahn hatten das Ihrige zum Fiasko beigetragen.
Der Kanton Bern trat unter der Firmenbezeichnung «Bernische Staatsbahnen» die unfreiwillige Nachfolge an und brachte die Linie nach Langnau bis 1864 unter Dach. Als das Gotthardbahnprojekt aktuell wurde, bemühten sich die Kantone Bern und Luzern gemeinsam um die Fortsetzung der Bahn bis

La ligne Berne–Langnau–Lucerne des CFF relie deux vallées, deux villes et deux régions linguistiques du pays: la Suisse romande et le Tessin. Elle est parcourue presque exclusivement par des trains-navette modernes et neuf paires de trains directs la desservent parfaitement par intervalles de deux heures. Certains trains offrent des correspondances directes de Genève à Lucerne et de Berne au Tessin.
Il est donc difficile de croire que cette ligne n'a vu le jour qu'après d'interminables difficultés et que son histoire est soulignée d'échecs et de scandales.
Vu que l'ancienne Compagnie Central-Suisse, avec siège à Bâle, qui construisit et exploita les lignes principales rentables, ne tint pas ses promesses envers le canton de Berne et ne voulut pas s'occuper de projets dont la rentabilité était douteuse, il fallut créer une compagnie propre pour le chemin de fer de Berne à Langnau et au-delà. Avec l'appui du canton de Berne, la «Compagnie Est-Ouest», dont le siège était à Berne, commença son activité en 1858 avec l'intention de construire les lignes La Neuveville–Bienne–Berne et Berne–Langnau–Lucerne–Zurich ainsi que Berne–Thoune. But trop prétentieux car bientôt, après le début des premiers travaux, les moyens financiers de la société étaient déjà épuisés par suite d'insuffisances propres et de l'activité «de bon voisinage» des grandes compagnies concurrentes des Chemins de fer Central et du Nord-Est qui contribuèrent volontiers à provoquer sa faillite.
Le canton de Berne prit la malheureuse succession sous le nom de «Chemins de fer de l'Etat de Berne» et construisit jusqu'en 1864 la ligne de Berne à Langnau. Lorsque le projet d'une ligne du Saint-Gothard prit corps, les cantons de Berne et de Lucerne s'efforcèrent ensemble de prolonger la ligne

The SBB route from Berne to Lucerne via Langnau connects two river basins, two towns and two Swiss regions, namely North-Western Switzerland and the Ticino. It is served almost entirely by modern m.u. stock and nine fast trains in each direction cover the journey in two hours at frequent intervals. Some of these trains run through from Lucerne to Geneva and from Berne to the Ticino region.
It is therefore somewhat surprising to learn that the construction of this railway route was beset with a continual series of difficulties, failures and scandals.
The Swiss Central Railway with its headquarters in Basle had not been eager to carry out its promises so far as the Canton of Berne was concerned, preferring to concentrate on building and operating the profitable main line (Basle to Lucerne) and hesitating to begin work on a scheme with such dubious prospects; in the end, a separate company had to be formed to build the line from Berne to Langnau and beyond. Supported by the Bernese Cantonal Government, the "East-West Railway" was formed in 1858 with headquarters in the city of Berne and for the enterprising purpose of building railways from la Neuveville to Biel and Berne, Berne to Zurich via Langnau and Lucerne, and from Berne to Thun. These quickly proved to be far too ambitious, as soon after the first stage of construction had begun, the company's finances were exhausted. A number of deficiencies and the activities of those powerful competitors, the Central and the North-Eastern Railways, all "helped" to make the East-West Company's venture a fiasco.
The Canton of Berne then formed a "Bernese Railway Company" expressly to take over, not without reluctance, what remained of the assets and eventually succeeded in completing the line from Berne as far as Langnau in 1864.

Luzern. Die nunmehr «Bern-Luzern-Bahn» genannte Gesellschaft machte sich an die Arbeit und konnte die Linie Langnau-Luzern am 11. August 1875 eröffnen. Dies geschah ohne Feierlichkeiten, weil Luzern angesichts der kräftigen Überschreitung des Bauvoranschlages alle unnötigen Kosten von sich wies. Das Langnauer Festkomitee durfte gnädigst im «Probezug» Platz nehmen und wurde in Littau wieder hinauskomplimentiert, weil das technische und finanzielle Sorgenkind «Zimmereggtunnel» nicht passierbar war. Bis zur Heimfahrt gleichen Tages waren die Hindernisse aus dem Weg geräumt. Ein anderer Tunnel machte noch von sich reden: kurz oberhalb Wolhusen war eine Felsrippe von beiden Seiten durchstoßen worden, wobei die beiden Stollen sich um einige Meter verfehlten. Eine doppelspurig ausgebrochene Kammer zeugt heute noch von einem Vermessungsfehler vor hundert Jahren.

Mit der endlichen Vollendung der Bahn waren die Sorgen noch nicht behoben; die Konkurrenz der mächtigen Centralbahn, die für die Verbindung Bern-Luzern eine mit Schnellzügen bediente Umwegroute über Aarburg anzubieten hatte, und die vergleichsweise dünne Besiedelung der durchfahrenen Gegend waren nicht dazu angetan, die Bern-Luzern-Bahn aufblühen zu lassen. Ihre finanziellen Ergebnisse blieben im Gegenteil weit unter den Erwartungen. 1890 wurde sie der Jura-Simplon-Bahn angegliedert, die ihrerseits 1903 in den Schweizerischen Bundesbahnen aufging.

Schon unter dem Regime der Jura-Simplon-Bahn wurden Schnellzüge und direkte Wagen Genf-Luzern eingeführt; ein entscheidender Fortschritt trat 1934 mit der ungeduldig erwarteten Einführung des elektrischen Betriebes ein. Die weitere Entwicklung mündete in den Zustand, wie er eingangs dieser Darstellung beschrieben ist.

jusqu'à Lucerne. La nouvelle «Compagnie du Chemin de fer Berne-Lucerne» se mit au travail et ouvrit le tronçon Langnau-Lucerne le 11 août 1875 à l'exploitation. Cela se fit sans festivités, car Lucerne voulait éviter tous frais inutiles vu le dépassement important du budget de construction. Le comité de fête de Langnau put gracieusement prendre place dans le «train d'essai» et fut prié poliment de descendre à Littau car le tunnel du Zimmeregg, objet de gros soucis techniques et financiers, n'était pas franchissable. Jusqu'au moment du retour, le même jour, les obstacles avaient disparu du chemin. Un autre tunnel fit également parler de lui: juste au-dessus de Wolhusen, une nervure de rocher avait été traversée des deux côtés et les deux galeries s'étaient manquées de quelques mètres... Aujourd'hui encore, on peut voir de chaque côté une cavité résultant d'une erreur de mesures faite il y a cent ans.

Mais les soucis ne disparurent pas à l'achèvement de la ligne. La puissante Compagnie du Central, concurrentielle, avait à offrir, pour les communications Berne-Lucerne, une voie de détournement par Aarbourg, desservie par des trains directs et qui traversait une région plus populeuse, ce qui n'était pas pour permettre au Chemin de fer Berne-Lucerne de s'épanouir. Ses résultats financiers restèrent loin au-dessous de ce qu'on espérait. En 1890, il fut annexé à la Compagnie Jura-Simplon qui, à son tour en 1903, passa aux Chemins de fer fédéraux.

Des trains directs et des voitures directes Genève-Lucerne furent déjà introduits sous le régime du Jura-Simplon. Un progrès sensible se produisit en 1934 avec l'introduction longtemps attendue de la traction électrique. Il en résulte maintenant la situation dont il a été question au début de ce chapitre.

When the Gotthard Railway scheme became a reality, the Cantonal Governments of Berne and Lucerne agreed to continue the line from Langnau to Lucerne. The Company, now re-named the Berne-Lucerne Railway, carried out the works and at last on August 11, 1875, the extension to Lucerne was opened. This took place without any ceremony because the Lucerne authorities refused to contribute any more money, having regard to heavy over-expenditure incurred in the construction. The Langnau Festival Committee were graciously allowed to take their seats in the "Inaugural Train", only to be equally graciously requested to leave the train at Littau because of blockage in the Zimmeregg tunnel, the scene of many difficulties and frustrations during its boring. The obstructions were removed before the end of the day in time to enable the party to return home. A second tunnel also gave grounds for frustration; a short distance beyond Wolhusen tunnelling was begun from two ends at once through a rock barrier, but the two borings met several metres out of true. A double-track widened section testifies to the present day to this error on the part of the surveyors a century ago.

After the railway was completed, its troubles were by no means over; competition from the strong Central Railway, which introduced some fast trains between Lucerne and Berne using a detour via Aarburg, and the comparatively thinly-populated country through which it passed were hardly calculated to produce a flourishing existence for the Berne-Lucerne Railway. On the contrary the results were far below expectations. In 1890 it was amalgamated with the Jura-Simplon Railway which, in turn was merged into the Swiss Federal Railways in 1903.

Even during the period of the Jura-Simplon administration, some fast through trains were worked between Geneva and Lucerne; a decisive step forward was taken in 1934 with the long-awaited conversion to electric traction. Developments since that date have been described at the beginning of this account.

115/116 In Wolhusen zweigt die VHB-Linie nach Langenthal ab.

A Wolhusen, bifurcation de la ligne VHB pour Langenthal.

The VHB line to Langenthal branches off at Wolhusen.

115

116

117

117 Kleiner Zug und großes Bauernhaus bei Sumiswald.

Petit train et grande ferme près de Sumiswald.

Short train and large farmer's house at Sumiswald.

118

118 Schloß Trachselwald bei Sumiswald, Amtssitz des gleichnamigen Bezirks. Älteste Teile aus dem 13. Jahrhundert.

Château de Trachselwald près de Sumiswald, siège officiel du district du même nom. Parties les plus anciennes datant du XIIIe siècle.

Trachselwald castle at Sumiswald, administrative offices for the district. The oldest parts date from the 13th century.

119

119 In Ramsei mündet die VHB-Linie von Huttwil in die EBT-Linie Burgdorf–Langnau.

La ligne VHB de Huttwil se joint à celle de l'EBT Burgdorf–Langnau à Ramsei.

At Ramsei the VHB line from Huttwil joins the EBT line from Burgdorf to Langnau.

120

121

120–123 Von Burgdorf über Konolfingen nach Thun. (120) Schloß Burgdorf. Bergfried und Wohnturm im 12. Jahrhundert nachweisbar. (121) Bigenthal. (122) Bei Großhöchstetten. (123) Bei Oberdießbach mit Stockhornkette.

De Burgdorf à Thoune par Konolfingen. (120) Château de Burgdorf, tours de défense et d'habitation du XIIe siècle. (121) Bigenthal. (122) Près de Grosshoechstetten. (123) Près d'Oberdiessbach et chaîne du Stockhorn.

From Burgdorf via Konolfingen to Thun. (120) Burgdorf castle. Donjon and living quarters were mentioned in 12th century documents. (121) Bigenthal. (122) At Grosshöchstetten. (123) At Oberdiessbach with the Stockhorn range.

122

123

124

125

124/125 Bahnhof Bern. (124) Die viergleisige Einfahrt von Osten. (125) Neuer Städtezug im neuen Bahnhof.

Gare de Berne. (124) L'entrée à quatre voies de l'est. (125) Nouveau train interville dans la nouvelle gare.

Berne Station. (124) The four tracks approaching from the eastern end. (125) Modern intercity express in the new station.

126 Schnurgerade durch das Aaretal; Partie bei Wichtrach. Die Linie Bern–Thun wurde 1919 als erste mit dem heutigen Stromsystem elektrifiziert.

En droite ligne par la vallée de l'Aar. Près de Wichtrach. La ligne Berne–Thoune a été la première électrifiée avec le système de courant actuel (1919).

Straight ahead through the Aare valley; the section at Wichtrach. The line from Berne to Thun was the first to be electrified in 1919 at the present voltage.

126

127 Bei Wichtrach mit Blümlisalpgruppe und Niesen.

Près de Wichtrach, groupe de la Blümlisalp et le Niesen.

At Wichtrach with the Blümlisalp group and the Niesen.

128/129 Bahnhof Thun mit Zügen der SBB, BLS und EBT.

Gare de Thoune, trains des CFF, BLS et EBT.

Thun station with SBB, BLS and EBT trains.

127

128

129

130

131

130–132 Auf der BLS von Thun nach Spiez. (130) Die Kanderbrücke bei Einigen. (131) Das neue Stellwerk in Spiez. (132) Der Niesen, Eckpfeiler am Eingang von Kander- und Simmental.

Sur le BLS de Thoune à Spiez. (130) Le pont sur la Kander, près d'Einigen. (131) Le nouveau poste d'aiguillage de Spiez. (132) Le Niesen, pilier angulaire des vallées de la Kander et de la Simme.

On the BLS line from Thun to Spiez. (130) The Kander valley viaduct at Einigen. (131) The new signal-box at Spiez. (132) The Niesen, guarding the approach to the Kander and Simmental valleys.

132

Die Brünig-Linie der SBB/La ligne du Brunig des CFF/The Brünig Railway of the SBB

	Meterspur / Voie métrique / Metre Gauge
1888/1916	Eröffnet / Ouverture / Opened
1941/1942	Elektrifiziert / Electrifié / Electrified: 15 kV ~ a. c.
74 km	Länge / Longueur / Length
9 km	Zahnstangenabschnitte / Crémaillère / Rack-and-pinion (Syst. Riggenbach)
19‰/120‰	Max. Neigung / Déclivité max. / Ruling gradient (1 in 53 and 1 in 8)

Eine Brünigbahn hätte nach dem Willen bernischer Verkehrskreise Teilstück einer großen Transitbahn Luzern–Meiringen–Grimsel–Tessin werden sollen. Statt dessen wurde die Gotthardbahn gebaut, womit der Brünigbahn nur noch regionale und touristische Bedeutung zukam. Diesen Zwecken konnte eine Meterspurbahn durchaus genügen; statt eines Brünigtunnels wählte man die offene Linienführung über die Paßhöhe, was die Anwendung der Zahnstange für vier Steilrampen notwendig machte.
Im Jahre 1888/89 konnte der Abschnitt Brienz–Meiringen–Luzern eröffnet werden; das Reststück Brienz–Interlaken folgte erst 1916 und wurde so angelegt, daß bei Bedarf zum Normalspurbetrieb übergegangen werden könnte. Verschiedene Anschlußbahnen gleicher Spurweite ermöglichen direkte Verbindungen nach Grindelwald, Lauterbrunnen und Engelberg (Berner Oberland-Bahnen, eröffnet 1890; Luzern–Stans–Engelberg-Bahn, 1964 an die Brüniglinie angeschlossen; Meiringen–Innertkirchen-Bahn, 1926 als Kraftwerkbaubahn eröffnet, seit 1946 öffentlich).
Mit dem SBB-Netz hat die Brüniglinie nur die Stromart gemeinsam; daß diese meterspurige Zahnradbahn zum Fremdkörper im großen Organismus der Staatsbahn geworden ist, geht auf geschichtliche Zufälligkeiten zurück. Erbauerin der Linie war die Jura–Bern–Luzern-Bahn, die schon 1890 in der Jura–Simplon-Bahn aufging, welche ihrerseits 1903 verstaatlicht wurde.
Eine bedeutende Wende brachte die Elektrifizierung 1941–1942. Die Dampflokomotiven – je eine besondere Bauart für die Adhäsions- und für die Zahnstangenstrecken – machten 16 elektrischen Gepäcktriebwagen Platz, die sowohl auf den Tal- als auch auf den Bergstrecken verkehren können. Später kamen zwei Lokomotiven für die Zahnstangenstrecken hinzu. In den folgenden Jahren wurde der gesamte Personenwagenpark erneuert, womit die Reise vom Vierwaldstättersee in das Berner Oberland nicht nur landschaftliche Reize, sondern auch komfortable Beförderung bietet.

L'intention de certains milieux bernois était de créer une ligne du Brunig destinée à devenir partie intégrante d'une grande artère de transit Lucerne–Meiringen–Grimsel–Tessin. Mais, au lieu de cela, la préférence fut donnée à la transversale du Saint-Gothard, de sorte que l'importance de celle du Brunig ne devenait que régionale et touristique. A cet effet, un chemin de fer à voie métrique suffisait amplement. Au lieu de construire un tunnel du Brunig de base, il fut décidé de faire passer la ligne à ciel ouvert par le col, ce qui rendait nécessaire la pose de la crémaillère sur quatre fortes rampes.
Le tronçon Brienz–Meiringen–Lucerne a été ouvert en 1888/1889; celui de Brienz à Interlaken en 1916 seulement. Ce dernier fut construit de façon à pouvoir le transformer au besoin en voie normale. Différents chemins de fer correspondants, de même écartement, établissent des communications directes avec Grindelwald et Lauterbrunnen (Chemins de fer de l'Oberland bernois BOB ouverts en 1890), Engelberg (Compagnie Lucerne–Stans–Engelberg LSE raccordée en 1964 à la ligne du Brunig), ainsi que le chemin de fer Meiringen–Innertkirchen ouvert en 1926 pour la construction de l'usine électrique, et en 1946 au public.
Avec le réseau des CFF, la ligne du Brunig ne possède en commun que le même courant électrique. Si ce chemin de fer métrique à crémaillère est devenu un corps étranger dans le grand organisme des chemins de fer d'Etat, cela est dû à un hasard historique. La Compagnie de chemin de fer Jura–Berne–Lucerne construisit en effet la ligne qui passa en 1890 déjà au Jura–Simplon qui, de son côté, fut étatisé en 1903.
L'électrification de la ligne en 1941–1942 apporta bien des changements. Les locomotives à vapeur – de construction spéciale pour parcours à adhérence et à crémaillère – ont fait place à seize automotrices électriques à bagages pouvant circuler aussi bien en plaine que sur les rampes de montagne, puis plus tard à deux locomotives pour tronçons à crémaillère, également. Au cours des années qui suivirent, tout le parc des voitures a été renouvelé, de sorte que le voyage du lac des Quatre-Cantons à l'Oberland bernois n'est pas seulement une attraction touristique, mais il offre aussi un transport sûr et confortable.

The promoters of a railway system for the Canton of Berne first conceived the Brünig Railway as part of an important transalpine railway from Lucerne via Meiringen and Grimsel to the Ticino region. But the Gotthard Railway was first on the scene which left the Brünig Railway as a line of local and tourist importance only. For this purpose, the metre gauge was quite adequate; and instead of a tunnel under the Brünig pass, it was decided to lay the tracks over the pass necessitating rack sections at four of the steepest gradients.
In 1888/89 the section from Brienz to Meiringen and Lucerne was opened; the remaining section from Brienz to Interlaken followed only in 1916 and was laid in such a way that, if required, it could be laid with standard-gauge track. A number of connecting railways laid to the same metre gauge makes it possible to run through trains to Grindelwald and Lauterbrunnen (on the Berner-Oberland Railway [BOB] opened in 1890) and Engelberg; in 1964 the Lucerne–Stans–Engelberg Railway was extended to connect with the Brünig Railway at Hergiswil; the Meiringen–Innertkirchen Railway, built as a contractor's line for the building of a generating station, has been open for public traffic since 1946.
The Brünig Railway has only one characteristic in common with the rest of the SBB network, namely the same traction voltage; it was an accident of history that this metre-gauge rack railway became part of the nationalised Federal Railways' organisation. The line was first built under the auspices of the Jura–Berne–Lucerne Railway, absorbed in 1890 into the Jura–Simplon Railway which was, in its turn, merged into the Federal Railways' network in 1903.
The electrification carried out in 1941–42 brought many changes. The steam locomotives, specially designed for both adhesion and rack working, were replaced by sixteen electric baggage railcars which could run both on the normal as well as on the rack sections. Later on two locomotives were placed in service for the rack section. Some years afterwards the whole passenger stock was renewed which enabled the journey through some magnificent scenery between Lake Lucerne to the Bernese Oberland to be made in maximum comfort.

133 Der alte Bahnhof der Brünigbahn in Luzern versah seine Funktion während ganzen sieben Jahren, nämlich von der Brünigbahn-Eröffnung 1889 bis zum Neubau des Gotthardbahn-Bahnhofs im Jahre 1896.

L'ancienne gare du chemin de fer du Brunig à Lucerne a assuré ses fonctions durant sept ans, soit de l'ouverture de la ligne en 1889 à la reconstruction de la gare du St-Gothard en 1896.

The old Brünig railway station at Lucerne was in use for only seven years in all, namely from the opening of the Brünig line in 1889 until the Gotthard Railway built the new station in 1896.

133

134 Doppel-Pendelzug der LSE mit zwei angehängten SBB-Wagen in den Luzerner Außenquartieren. Er fährt auf dem inneren Schienenpaar, das äußere dient den Güterzügen der Kriens–Luzern-Bahn.

Train-navette double du LSE avec deux voitures des CFF dans les quartiers extérieurs de Lucerne. Il circule sur la paire de rails intérieurs, les rails extérieurs servant aux trains de marchandises du chemin de fer Kriens–Lucerne.

Two LSE mu sets coupled together with two SBB coaches attached passes through the outer suburbs of Lucerne. It is running on the inner track, the outer rails being used by trains running from Lucerne to Kriens.

134

135

136

135 Auf den Adhäsionsstrecken Luzern–Giswil und Meiringen–Interlaken werden Normalspurgüterwagen auf vier- und sechsachsigen Rollschemeln befördert.

Sur les tronçons à adhérence Lucerne–Giswil et Meiringen–Interlaken, les wagons de la voie normale sont acheminés sur des trucks transporteurs à quatre ou à six essieux.

On the adhesion sections from Lucerne to Giswil and Meiringen to Interlaken, standard-gauge freight wagons are conveyed on four-axled or six-axled transporter wagons.

136 Der moderne Bahnhof Hergiswil, wo sich die Brünig- und LSE-Linien verzweigen.

La gare moderne de Hergiswil où se ramifient les lignes du Brunig et du LSE.

The modern station at Hergiswil where the Brünig and LSE lines part company.

137/138 Rund um den Lopper. (137) Tunnelportale der LSE und SBB in Hergiswil. (138) Mündung des LSE-Tunnels Seite Stansstad mit der nachträglich angebauten Schutzgalerie.

Autour du Lopper. (137) Portails des tunnels du LSE et des CFF à Hergiswil. (138) Portail du tunnel LSE côté Stansstad et galerie de protection construite après coup.

Round the Lopper. (137) Entrances to the LSE and SBB tunnels at Hergiswil. (138) Portal of the LSE tunnel at the Stansstad end with the protective shelter erected at a later date.

137

138

139

139 Autobahn- und LSE-Tunnelportale Seite Stansstad. Ein Felssturz, der die LSE-Linie für längere Zeit unterbrochen hatte, erforderte den Bau einer Schutzgalerie.

Portails des tunnels de l'autoroute et du LSE côté Stansstad. Un éboulement de rochers qui a interrompu la ligne LSE durant une longue période a exigé la construction d'une galerie.

Motorway and LSE tunnel portals at the Stansstad ends. A fall of rock which, for a long time, blocked the LSE line made it necessary to provide the protective shelter.

140

140 Die Pilatusbahn in Alpnachstad, mit 480‰ die steilste Zahnradbahn Europas.

Le chemin de fer du Pilate à Alpnachstad gravit la rampe à crémaillère la plus forte d'Europe (480‰).

The Pilatus Railway at Alpnachstad, with its gradient of 1 in 2, makes it the steepest rack railway in Europe.

141

141 Alpnachstad am Alpnachersee.

Alpnachstad au bord du lac du même nom.

Alpnachstad with the lake of Alpnach.

142

143

142 Sachseln am Sarnersee.

Sachseln au bord du lac de Sarnen.

Sachseln on Lake Sarnen.

143 Partie bei Alpnachstad mit Stanserhorn.

Près d'Alpnachstad, avec le Stanserhorn.

The line at Alpnachstad with the Stanserhorn.

144 Bei Giswil am Anfang des Sarnersees und am Ende der Talstrecke.

Près de Giswil, à l'extrémité du lac de Sarnen et du parcours de plaine.

At Giswil, lying at the head of Lake Sarnen and the end of the level section.

SBB CFF

145

145 In Giswil beginnt die erste 120‰-Rampe, mit welcher die 200 m Höhenunterschied zwischen Sarner- und Lungernsee überwunden werden.

A Giswil commence la première rampe de 120‰ qui permet de surmonter une différence de niveau de 200 m entre les lacs de Sarnen et de Lungern.

At Giswil, the first 1 in 8 incline begins, enabling trains to climb the 200 feet difference in height between Lakes Sarnen and Lungern.

146 Hier geht der Zug erstmals auf die Zahnstangenstrecke über. Von oben nach unten: Ein Gummibalken versetzt die Bremszahnräder der Wagen in Drehung, ein gefedertes Stück Zahnstange mit veränderlicher Zahnteilung verhilft zum korrekten Eingriff im Falle, daß bei der Einfahrt Zahn auf Zahn zu stehen kommt, worauf die normale Zahnstange beginnt. Höchste Einfahrgeschwindigkeit 10 km/h.

C'est ici que le train passe pour la première fois sur la crémaillère. Du haut en bas: Une tige en caoutchouc met en mouvement les roues dentées de freinage des voitures; une section de crémaillère à ressort, à pas d'engrenage changeant, facilite l'encliquetage correct (pour le cas où, lors de l'entrée, une dent arrive sur une dent,) puis commence la crémaillère normale. Vitesse d'entrée maximale 10 km/h.

This is where the train starts on its run over the rack section. From top to bottom: A rubber beam causes the braked toothed wheel to start turning beneath the coach, a spring-mounted rack section with differentiated teeth assists in adjusting the meshing process should the teeth initially meet together where the fixed rack section begins. Maximum speed during the changeover is 10 km/h.

147 Ein schwerer Schnellzug nimmt die Rampe oberhalb Lungern in Angriff – das Zugsende befindet sich noch in der Stationshorizontalen. Es arbeiten ein Deh 4/6-Triebwagen zu 1270 PS und eine der beiden Zahnradlok zu 2180 PS; mit maximal 170 t Anhängelast erklimmen sie die 120‰-Rampe mit 30 km/h. Beim Triebwagen arbeiten auf den Zahnstangenstrecken sowohl die Triebmotoren der Adhäsionsdrehgestelle als auch jene der beiden Triebzahnräder im mittleren Drehgestell.

146

Un train direct lourd s'attaque à la rampe au-dessus de Lungern – la queue du train se trouve encore à l'horizontale de la gare. Une automotrice Deh 4/6 de 1270 ch et une des deux locomotives à crémaillère de 2180 ch travaillent ensemble; avec une charge remorquée maximale de 170 t, elles grimpent sur la rampe de 120‰ à 30 km/h. Sur l'automotrice et sur les parcours à crémaillère, les moteurs de traction des bogies à adhérence travaillent aussi bien que ceux des deux roues dentées motrices du bogie médian.

A heavily-loaded express starts to engage the rack section above Lungern – the end of the train is still passing along the horizontal section at the station. Power is provided by a Deh 4/6 1270-hp railcar and one of the two 2180-hp rack locomotives; these enable the train, with a maximum trailing load of 170 tons to be hauled up the 1 in 8 gradient at 30 km/h. Over the rack section the railcar is powered not only by the motors driving the adhesion bogie but also by those driving the two powered toothed wheels in the centre bogie.

147

148

149

150

151

152

148–151 Auf der Nordrampe Giswil–Brünig folgen sich die Kunstbauten und Naturwunder fast ununterbrochen.

Les ouvrages d'art et les beautés naturelles se suivent presque sans interruption sur la rampe nord Giswil–Brunig.

On the northern incline from Giswil to Brünig, there is an almost unbroken succession of engineering and natural wonders.

152 Kurz vor der Paßhöhe.

Peu avant le passage du col.

Nearing the pass summit.

153

154

153–155 Brünig-Paßhöhe, 1002 m ü. M.

Col du Brunig, 1002 m s/m.

The summit of the Brünig pass, 1002 metres above sea level.

155

156

156 Abstieg nach Meiringen: Kehlbächlibrücke.

Descente sur Meiringen: pont sur le Kehlbächli.

The descent to Meiringen: Kehlbächli viaduct.

157 Blick ins Aaretal gegen den Grimselpaß.

Vue sur la vallée de l'Aar vers le col du Grimsel.

View down to the Aare valley looking towards the Grimsel pass.

157

158

159

158 Nochmals die Kehlbächlibrücke.

A nouveau le pont du Kehlbächli.

Another view of the Kehlbächli viaduct.

159 Blick gegen die Engelhörner.

Vue sur les Engelhörner.

View towards the Engelhörner.

160 Der überhängende Fels trägt noch die Spuren des Dampfbetriebes 1888–1941.

Le rocher suspendu porte encore les marques de la traction à vapeur 1888–1941.

The overhanging rock still bears traces left by the steam locomotives which passed here between 1888 and 1941.

161 Husenbachbrücke.

Pont du Husenbach.

Husenbach viaduct.

162/163 Im Talboden von Meiringen signalisiert die Tafel «E» das Ende – von der Gegenseite den Anfang – der Zahnstange.

Dans la plaine de Meiringen, le panneau «E» signifie «fin de la crémaillère»; de l'autre côté «A» (commencement).

On the valley floor at Meiringen, the "E" sign shows the end – on the reverse side, the start – of the rack section.

160

161

162

163

164

165

166

167

164–167 Meiringen. (164) Das Dorfwappen auf der Zahnradlok HGe 4/4 1991. (165) Die Zahnradlok HG 3/3 1068, letzte von den SBB erworbene Dampflok aus dem Jahre 1926, erinnert an ein halbes Jahrhundert Dampfbetrieb am Brünig. (166) Diese Drehscheibe wendete nicht nur die Dampflokomotiven, sondern dient auch als «Weiche» für die verschiedenen Bahnhof- und Depotgleise. An den beiden herausragenden Holzstangen pakken die als «Antrieb» dienenden Männer an. (167) In Meiringen warten die PTT-Cars der großen Paßrouten Grimsel, Furka und Susten.

Meiringen. (164) Les armoiries du village sur la locomotive à crémaillère HGe 4/4 No 1991. (165) La locomotive à crémaillère HG 3/3 No 1068, dernière à vapeur achetée par les CFF (1926), rappelle un demi-siècle de traction à vapeur sur le Brunig. (166) Cette plaque tournante ne virait pas seulement les locomotives à vapeur, mais sert aussi d'«aiguille» pour les différentes voies de la gare et du dépôt. Pour la desservir, les hommes s'agrippent aux deux perches de bois saillantes. (167) A Meiringen attendent les cars des PTT des grands cols du Grimsel, de la Furka et du Susten.

Meiringen. (164) The village arms are displayed on the HGe 4/4 1991 rack locomotive. (165) HG 3/3 1068 rack locomotive, acquired in 1926 and the last steam locomotive to be purchased by the SBB, commemorates half a century of steam traction over the Brünig. (166) This turntable was used not only to turn round the locomotives, but also served as "points" connecting the various station and shed tracks. "Power" is supplied by the railway staff pushing against the projecting wooden poles. (167) Postal coaches wait at Meiringen to take passengers through the main Alpine pass roads – Grimsel, Furka and Susten.

168/169 Die öffentliche Kraftwerkbahn Meiringen–Innertkirchen. (168) Der Akkumulatoren-Triebwagen beim Eingang zur Aareschlucht. (169) Von Zeit zu Zeit finden Dampffahrten mit Brünigwagen aus allen Epochen statt. Hier die private Museumslok HG 3/3 1067 (1910).

Chemin de fer public de la centrale électrique de Meiringen–Innertkirchen. (168) L'automotrice à accumulateurs à l'entrée de la gorge de l'Aar. (169) Des courses à la vapeur ont lieu de temps à autre avec des voitures du Brunig de toutes les époques. Ici, la locomotive privée de musée HG 3/3 No 1067 (de 1910).

168

The public railway running from Meiringen to Innertkirchen. (168) Battery railcar at the beginning of the Aare gorge. (169) From time to time steam-hauled excursion trains with coaches formerly in use at various times on the Brünig Railway. Here is the privately-owned preserved locomotive HG 3/3 1067 dating from 1910.

169

170

171

170/171 Partien bei Unterbach und vor Brienz.

Près d'Unterbach et avant Brienz.

Sections of the line at Unterbach and near Brienz.

172

173

174

175

172–175 Die Brienzer-Rothorn-Bahn fährt noch vorwiegend mit Dampf, womit sich die Attraktion des Gipfelpanoramas mit der Attraktion der Dampfmaschine verbindet.

Le Chemin de fer du Rothorn de Brienz circule encore à la vapeur. L'attraction du panorama du sommet se lie ainsi à celle de la machine à vapeur.

The Brienz–Rothorn Railway still operates largely with steam traction, thus combining the attractions of the superb panorama from the mountain summit with that of the steam engine.

176 Brückenreiche Partie bei Brienz an der zur Winterszeit lawinenreichen Flanke des Rothorns.

Nombreux ponts près de Brienz, sur le flanc du Rothorn qui est en hiver souvent sujet aux avalanches.

A section of the line with many bridges near Brienz skirting the flank of the Rothorn in winter time where many avalanches have fallen.

177 Oberländer Chalets in Ebligen.

Chalets oberlandais à Ebligen.

Chalets of the Bernese Oberland at Ebligen.

176

177

178 Oberried am Brienzersee.

Oberried sur le lac de Brienz.

Oberried on Lake Brienz.

179 Der Säge-Viadukt in Ringgenberg.

Le pont de la scierie à Ringgenberg.

The Säge viaduct at Ringgenberg.

180 Die große Aarebrücke bei Interlaken kündet das Ende der Brünigfahrt an.

Le grand pont sur l'Aar près d'Interlaken annonce la fin du voyage du Brunig.

The long Aare viaduct at Interlaken marks the finish of the ride over the Brünig.

178

179

180

181

181–184 Interlaken = Zwischen den Seen. (181) Die Jungfrau lockt. (182) Züge der Berner-Oberland-Bahnen (BOB), Brüniglinie, Lötschbergbahn und eine Re 4/4 II-Lok der SBB – alle vereint im Bahnhof Ost, der den BOB gehört und von ihrem Personal betreut wird. (183) BOB nach Lauterbrunnen und Grindelwald – SBB nach Bern. (184) Französischer Liegewagen für Engländer in «Bernese Oberland», außerdem Träger einer Wahlparole.

Interlaken = Entre les lacs. (181) La Jungfrau séduit. (182) Trains des lignes de l'Oberland bernois (BOB), du Brunig, du Loetschberg et une locomotive Re 4/4 II des CFF, tous réunis en gare de l'Est qui appartient aux BOB et est desservie par leur personnel. (183) BOB pour Lauterbrunnen et Grindelwald, CFF pour Berne. (184) Voiture-couchettes française d'Anglais venus au «Bernese Oberland»; elle véhicule également de la propagande.

Interlaken = Between the Lakes. (181) The Jungfrau beckons. (182) Trains of the Berner-Oberland Railway (BOB), the Brünig line, the BLS and an Re 4/4 II locomotive of the SBB – all together in the Ost (East) station which is owned and staffed by the BOB. (183) The BOB to Lauterbrunnen and Grindelwald – the SBB heads for Berne. (184) A French couchette coach carrying British tourists into the "Bernese Oberland" here also carrying an election slogan.

182

Interlaken Ost
Interlaken Ost

183

REV Zw 8. 1. 71 R1

184

COUCHETTES
SNCF 2 CALAIS
(LONDON) CALAIS·Mme
Lille , Charleville , Metz
Strasbourg , Basel
Olten , Bern
INTERLAKEN

185

186

185 Aarebrücke der BLS in Interlaken mit der Kirche von Unterseen (1674).

Pont du BLS sur l'Aar à Interlaken et église d'Unterseen (de 1674).

BLS bridge over the Aare at Interlaken with the Church of Unterseen (1674).

186 Thunerseeschiffe der BLS beim Bahnhof Interlaken West der BLS.

Bateaux BLS du lac de Thoune près de la gare d'Interlaken-Ouest du BLS.

BLS ship on Lake Thun at the BLS Interlaken West station.

187 Bei Därligen am Thunersee mit dem Niesen.

Près de Daerligen sur le lac de Thoune, et le Niesen.

At Därligen on Lake Thun with the Niesen.

188

188 Internationaler Schnellzug bei Leißigen.

Train direct international près Leissigen.

International express at Leissigen.

189 Faulensee mit Niederhorn (rechts) und Justistal.

Faulensee, le Niederhorn (à droite) et le Justistal.

The Faulensee with the Niederhorn (right) and the Justis valley.

189

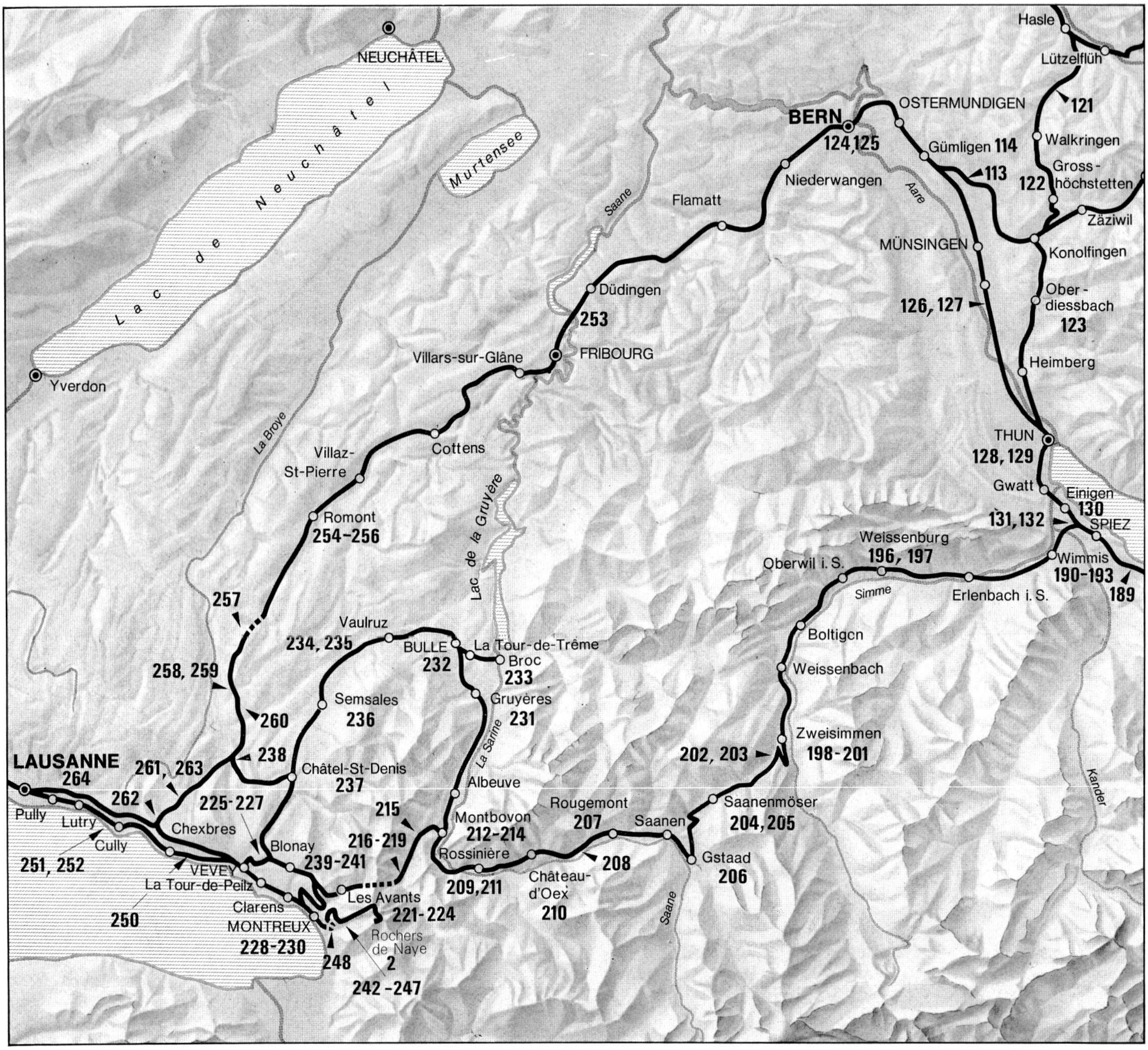

NEUCHÂTEL
Lac de Neuchâtel
Murtensee
Yverdon
La Broye
Saane
BERN
124,125
OSTERMUNDIGEN
Hasle
Lützelflüh
121
Walkringen
Gümligen 114
113
Gross-
höchstetten
122
Zäziwil
Konolfingen
Niederwangen
Aare
Flamatt
MÜNSINGEN
Ober-
diessbach
123
126, 127
Düdingen
253
FRIBOURG
Villars-sur-Glâne
Heimberg
Cottens
Villaz-
St-Pierre
THUN
128, 129
Gwatt
Einigen
130
131,132
SPIEZ
Wimmis
190-193
189
Romont
254-256
Lac de la Gruyère
Weissenburg
196, 197
Oberwil i. S.
Simme
Erlenbach i. S.
257
Vaulruz
234, 235
BULLE
232
La Tour-de-Trême
Broc
233
Boltigen
Weissenbach
258, 259
Semsales
236
Gruyères
231
260
La Sanne
Zweisimmen
198-201
202, 203
LAUSANNE
264
261, 263
238
Châtel-St-Denis
237
Albeuve
Kander
262
225-227
215
Rougemont
207
Saanenmöser
204, 205
Pully
Lutry
Chexbres
Montbovon
212-214
Saanen
Cully
Blonay
216-219
Rossinière
208
Gstaad
206
251, 252
VEVEY
239-241
Château-
d'Oex
210
La Tour-de-Peilz
209,211
Les Avants
221-224
Clarens
MONTREUX
228-230
250
Rochers
de Naye
2
248
242-247

Spiez–Erlenbach–Zweisimmen-Bahn SEZ

	Normalspur / Voie normale / Standard Gauge
1897/1902	Eröffnet / Ouverture / Opened
1920	Elektrifiziert / Electrifié / Electrified: 15 kV ~ a. c.
34 km	Länge / Longueur / Length
25‰	Max. Neigung / Déclivité maximale / Ruling gradient (1 in 40)
	Einnahmen 1974 / Recettes 1974 / Receipts 1974
Fr. 3006766	Personenverkehr / Trafic voyageurs / Passenger traffic
Fr. 1353863	Güterverkehr / Trafic marchandises / Freight traffic

Durch das Simmental war ursprünglich eine Transitbahn geplant, die nicht zuletzt militärischen Interessen dienen sollte. Als Fortsetzung der seinerzeit noch normalspurig vorgesehenen Brünigbahn hätte sie Thun mit Bulle verbinden sollen. Mit dem Verzicht auf die Normalspur am Brünig schwand das Interesse am Projekt Thun–Bulle, dafür begann die Diskussion um eine Schmalspurbahn Vevey–Thun, die aber im Simmental keinen Anklang fand. Mit Rücksicht auf den lebhaften Viehverkehr an den berühmten Viehmärkten dieses Tales wünschte man eine Normalspurbahn mit Anschluß an das europäische Netz, fanden sich an den Märkten doch Viehhändler «aus Konstantinopel, Rußland und dem Morgenlande» ein.

Da im Jahre 1893 die Thunerseebahn Thun–Spiez–Därligen (–Interlaken–Bönigen) in Betrieb genommen werden konnte, war es naheliegend, daran anschließend eine Normalspurbahn nach dem Marktort Erlenbach zu bauen. Vier Jahre später dampften die ersten Züge auf der «Spiez–Erlenbach-Bahn» (SEB).

Die Fortsetzung nach Zweisimmen, im Gegensatz zur SEB ein wenig rentables Vorhaben, wurde von der Gesellschaft «Erlenbach–Zweisimmen-Bahn» (EZB) an die Hand genommen, und 1902 konnte der durchgehende Betrieb von Spiez bis Zweisimmen eröffnet werden. Als 1905 die meterspurige MOB bis Zweisimmen vollendet war, diskutierte man die Möglichkeit, den MOB-Zügen durch Einlegen einer dritten Schiene die Weiterfahrt nach Spiez und Interlaken zu gestatten, wo der Zusammenschluß mit der Brünigbahn stattgefunden hätte. Die Idee ist während des Zweiten Weltkrieges nochmals aufs Tapet gebracht worden, ohne sich aber durchsetzen zu können.

Mit der Eröffnung der Bern–Lötschberg–Simplon-Bahn (BLS) im Jahre 1913 ging die Betriebsführung der SEB und EZB an die BLS über. 1920 wurde der elektrische Betrieb auf SEB und EZB gleichzeitig mit jenem auf der BLS-Strecke Spiez–Interlaken–Bönigen eingeführt. 1942 fusionierten die SEB und EZB zur «Spiez–Erlenbach–Zweisimmen-Bahn» (SEZ).

Unter der Leitung der BLS erfuhr die SEZ

A l'origine, c'est surtout dans des buts militaires qu'une voie ferrée de transit du Simmental devait être conçue. Destinée à prolonger la ligne du Brunig d'abord prévue à écartement normal, elle aurait ainsi relié Thoune à Bulle. Ce projet disparut lorsqu'il fut question de renoncer à l'écartement normal au Brunig. Une discussion s'amorça en revanche au sujet d'un chemin de fer à voie étroite entre Vevey et Thoune, mais il ne trouva pas d'écho dans le Simmental. Les transports de bétail étaient très importants vers les célèbres marchés de cette vallée et l'on désirait un chemin de fer à voie normale avec raccordement au réseau européen, vu la présence à ces foires de marchands de bétail de «Constantinople, de la Russie et du Levant».

Le Chemin de fer du lac de Thoune «Thoune–Spiez–Därligen» (–Interlaken–Bönigen) ayant vu le jour en 1893, il était facile de concevoir un raccordement par chemin de fer à voie normale en direction d'Erlenbach, connu pour ses marchés. Quatre ans plus tard, les premiers trains à vapeur de la Compagnie Spiez–Erlenbach (SEB) circulaient sur cette ligne.

La continuation sur Zweisimmen était peu rentable, à l'encontre du premier tronçon SEB; elle fut entreprise par la Compagnie du chemin de fer Erlenbach–Zweisimmen (EZB) et, en 1902, l'exploitation directe était assurée entre Spiez et Zweisimmen. Lorsque fut achevé en 1905 le chemin de fer à voie étroite Montreux–Oberland bernois (MOB), on examina la possibilité de faire continuer les trains MOB jusqu'à Spiez et Interlaken au moyen d'un troisième rail. Dans cette dernière localité, le raccordement eût été assuré avec la ligne du Brunig. Cette idée fit de nouveau surface au cours de la Deuxième Guerre mondiale, sans pouvoir s'imposer.

Avec l'ouverture du Chemin de fer Berne–Lötschberg–Simplon (BLS) en 1913, l'exploitation des SEB et EZB passa au BLS. En 1920, la traction électrique fut introduite sur ces deux compagnies en même temps que sur la ligne du BLS Spiez–Interlaken–Bönigen. En 1942 eut lieu la fusion du SEB avec l'EZB en «Chemin de fer Spiez–Erlenbach–Zweisimmen» (SEZ).

Originally the Simmental Railway was intended to be an important transit railway, but defence considerations also played a part. At the time standard gauge was envisaged for the Brünig Railway and the Simmental line would have formed a continuation from Thun to Bulle. When the Brünig line was eventually built as a metre-gauge railway, interest in the Thun-Bulle project faded away; instead the discussions were directed to having a narrow-gauge line from Thun to Vevey, but this scheme met with a cold reception in the Simmental valley. In consideration of the considerable movement of livestock to the famous cattle markets of the district, the promoters wished to have a standard-gauge line connected to the European railway system for, according to contemporary accounts, the markets were attended by dealers "from Constantinople, Russia and the Orient".

When the Thun–Spiez–Därligen (Lake Thun Railway) line was opened in 1893 (the extension to Interlaken and Bönigen came later), it was obvious that the next step would be a connecting standard-gauge line to the market town of Erlenbach. Four years later the first steam-hauled trains were running on the Spiez–Erlenbach Railway (SEB).

The extension to Zweisimmen, a somewhat doubtful financial venture compared to the SEB, was pursued by the Erlenbach-Zweisimmen Company (EZB) and in 1902 trains were working through from Spiez to Zweisimmen. When the metre-gauge Montreux–Oberland Railway (MOB) was opened to Zweisimmen, some thought was given to a scheme for laying a third running rail to permit MOB trains to continue to Spiez and Interlaken, where they could have run further on the Brünig tracks. The scheme came up again for discussion during World War II but again nothing came of it.

With the opening of the Berne–Lötschberg–Simplon Railway (BLS) in 1913 the operation of the SEB and the EZB was taken over by the BLS. In 1920 both these subsidiaries were electrified at the same time as the BLS Spiez–Interlaken–Bönigen lines. The SEB and EZB were amalgamated in 1942 under the title Spiez–Erlenbach–Zweisimmen Railway (SEZ). Under the management of the BLS,

wie die übrigen von der BLS mitbetriebenen «Dekretsbahnen» einen stetigen Ausbau und kam in den Genuß des von der BLS seit Beginn der dreißiger Jahre stark geförderten «Leichtbetriebes» mit modernen Triebwagenzügen. Falls keine unvorhergesehenen Schwierigkeiten auftauchen, kann man damit rechnen, daß die SEZ in naher Zukunft nach Lenk verlängert wird, welcher Ort zurzeit von einer Zweiglinie der Montreux–Oberland-Bahn (MOB) bedient wird.

Sous la direction du BLS, le SEZ – comme les autres chemins de fer subventionnés par l'Etat de Berne (Bern. Dekretsbahnen) – a été continuellement modernisé et il connaît aussi les trains légers assurés par des rames automotrices modernes, telles qu'elles sont utilisées d'une manière poussée par le BLS dès le début des années trente. Pour autant qu'il n'y ait pas de difficultés de dernière heure, on peut compter que le SEZ sera prolongé jusqu'à la Lenk dans un proche avenir, le trafic Zweisimmen–La Lenk étant assuré jusqu'ici par un embranchement du Chemin de fer Montreux–Oberland bernois (MOB).

like the other "forced merger" companies they controlled, the SEZ has been continuously updated and operated by "lightweight" trains placed in service by the BLS since the early 'thirties in the form of modern railcars. Unless some unforeseen difficulties occur, it is very likely that the SEZ will in the near future be extended to Lenk, at present served by a branch line of the MOB.

Montreux–Oberland Bernois MOB

	Meterspur / Voie métrique / Metre gauge
1901/1905	Eröffnet / Ouverture / Opened
	Elektrische Traktion / Traction électrique / Electric traction: 800 V = d. c.
75 km	Länge / Longueur / Length
73‰	Max. Neigung / Déclivité max. / Ruling gradient (1 in 14)
	Einnahmen 1974 / Recettes 1974 / Receipts 1974
Fr. 5849851	Personenverkehr / Trafic voyageurs / Passenger traffic
Fr. 748476	Güterverkehr / Trafic marchandises / Freight traffic

Chemins de fer Fribourgeois Gruyère–Fribourg–Morat GFM

	Meterspur / Voie métrique / Metre Gauge
	Außerdem 42 km Normalspur / A part 42 km de voie normale / Also 42 km standard gauge
1903	Eröffnet / Ouverture / Opened
	Elektrische Traktion / Traction électrique / Electric traction: 800 V = d. c.
37 km	Länge / Longueur / Length
51‰	Max. Neigung / Déclivité max. / Ruling gradient (1 in 20)
	Einnahmen 1974 / Recettes 1974 / Receipts 1974
Fr. 2406293	Personenverkehr / Trafic voyageurs / Passenger traffic
Fr. 3667652	Güterverkehr / Trafic marchandises / Freight traffic

Zwischen dem oberen Simmental und der Genferseegegend besteht seit 1905 eine durchgehende Schmalspurverbindung, die sich im Fremdenverkehrsgebiet von Vevey und Montreux zu einem förmlichen Netz verzweigt und außerdem mit dem Meterspurnetz der Freiburger Bahnen zusammengeschlossen ist. Das gesamte Netz maß in seinen besten Zeiten gegen 140 km; seither sind einige Querverbindungen minderer Bedeutung abhandengekommen. Seine Einheitlichkeit beschränkt sich auf die Spurweite und gewisse technische Daten, sonst aber herrscht eine aus der Entstehungsgeschichte der verschiedenen Bahnen zu erklärende Vielfalt.

Depuis 1905, il existe entre le Haut-Simmental et la région lémanique une communication directe à voie métrique qui se ramifie dans la région de Vevey et de Montreux en un réseau commun et qui est aussi raccordé au réseau à voie étroite des Chemins de fer fribourgeois. Cet ensemble mesurait autrefois quelque 140 km; dès lors, quelques transversales de faible importance ont été supprimées. L'uniformité de ce réseau se résume à l'écartement de voie et à certaines données techniques. Quant à l'histoire des différents chemins de fer, elle offre beaucoup de diversité.
La ligne principale Zweisimmen–Montreux

There has been a narrow-gauge rail link since 1905 between the upper Simmental and the lake of Geneva region. Based on the tourist centres of Vevey and Montreux, this has developed into a veritable network which is moreover connected with the metre-gauge system of the Fribourg Railways (GFM). In its heyday the whole network consisted of 140 km of route but some of the less important lines have since been closed down. The only feature they have in common is the track gauge and a few items of technical equipment, but otherwise they differ for reasons arising from the chequered origins of the component railways.

Die Hauptverbindung Zweisimmen–Montreux der MOB ist nichts anderes als ein Kompromiß, hervorgegangen aus einer Unzahl von Projekten, von der primitiven Straßenbahn bis zur normalspurigen Hauptbahn. Die Stammlinie wurde 1912 mit der Stichbahn Zweisimmen–Lenk ergänzt; diese bildet eine Verlängerung der Normalspurbahn Spiez–Zweisimmen und wird voraussichtlich in absehbarer Zeit auf Normalspur umgebaut und mit der Spiez–Erlenbach–Zweisimmen-Bahn zusammengeschlossen.
Die Meterspurlinien der GFM wurden von zwei Gesellschaften erstellt, die sich schon wenige Jahre nach ihrer Gründung zu den «Chemins de fer électriques de la Gruyère» zusammenschlossen. 1942 wurden die vorwiegend auf Freiburger Boden liegenden Normalspur- und Schmalspurbahnen zur neu gegründeten GFM vereinigt. Trotz technischer Übereinstimmung mit der MOB beschränkt sich der Austausch von Rollmaterial auf Ausnahmen. Die ungewisse Zukunft des Schmalspurnetzes der GFM hat bisher eine durchgreifende Modernisierung verunmöglicht; immerhin hatten die großen Sand- und Kiestransporte für den Nationalstraßenbau die Sanierung von Teilstrecken und eine Besserung der Bahnfinanzen zur Folge.
Weiter westlich stehen die «Chemins de fer veveysans» (CEV) in Verbindung mit der MOB. Bis 1966 bestand ein unmittelbarer Anschluß in Chamby, seither ist die CEV-Linie nach Blonay stillgelegt. Als willkommener Ersatz hat zwei Jahre darauf die Touristikbahn Blonay–Chamby (BC) ihre Dampfzüge aufmarschieren lassen. Eine Equipe von Idealisten und Freizeit-Eisenbahnern – viele davon auch Eisenbahner im Hauptberuf – hat in mehrjähriger Arbeit einen Museumsbetrieb aufgebaut, in welchem Lokomotiven, Eisenbahnwagen und Straßenbahnen aus allen Ecken der Schweiz und ihren Nachbarländern in ihrem Ursprungszustand anzutreffen sind. Der Betrieb findet an den Wochenenden im Sommerhalbjahr nach veröffentlichten Fahrplänen statt.
Die MOB spielt heute eine bedeutende Rolle als Verbindung der Fremdenverkehrsgebiete im Berner Oberland und am Genfersee und stellt selber eine touristische Attraktion dar. Moderne Schnellzüge stellen alle wünschbaren Verbindungen her; wer sich aber nach der «Belle époque» des berühmten «Golden Pass Express» zurücksehnt, dem stehen liebevoll restaurierte Salonwagen aus jener Zeit zur Verfügung, da die internationale Clientèle sich in Plüsch und Prunk spazieren führen ließ.

du MOB n'est rien d'autre que le résultat d'un compromis entre plusieurs projets allant d'un chemin de fer routier primitif au chemin de fer à voie normale. Cette artère principale a été complétée en 1912 par une ligne en cul-de-sac reliant Zweisimmen à la Lenk. Cette dernière est en fait la prolongation du chemin de fer à voie normale de Spiez à Zweisimmen et sera peut-être bientôt transformée à l'écartement normal et ainsi raccordée au chemin de fer Spiez–Erlenbach–Zweisimmen.
Les lignes métriques des GFM proviennent de deux compagnies qui, peu de temps déjà après leur création, fusionnèrent en «Chemins de fer électriques de la Gruyère». En 1942, les voies à écartements normal et étroit se trouvant surtout sur territoire fribourgeois furent réunies en GFM nouvellement créées. Malgré l'uniformité technique avec le MOB, l'échange de matériel roulant constitue des exceptions. L'avenir incertain du réseau à voie étroite des GFM a rendu impossible jusqu'ici la modernisation entière de ceux-ci. Les grands transports de sable et de gravier pour la construction des routes nationales ont eu pour conséquence d'assainir certains tronçons et d'améliorer les finances de ce chemin de fer.
Plus à l'ouest, les «Chemins de fer veveysans» (CEV) sont en relation avec le MOB. Il y eut jusqu'en 1966 un raccordement direct à Chamby. Dès lors, la ligne CEV jusqu'à Blonay est supprimée. Mais deux ans plus tard fut créé le chemin de fer touristique Blonay–Chamby (BC) dont les trains à vapeur offrent une compensation bienvenue. Une équipe d'idéalistes et de «cheminots du dimanche» – parmi lesquels se trouvent bien des cheminots de métier – a constitué en plusieurs années de travail un chemin de fer de musée composé de locomotives, de voitures et de tramways originaux de toutes les parties de la Suisse et des pays avoisinants. L'exploitation a lieu en fin de semaines durant la saison d'été, selon des horaires publiés.
Le MOB joue aujourd'hui un rôle important puisqu'il assure les transports des régions touristiques de l'Oberland bernois et du bord du Lac Léman, et représente lui-même une attraction touristique. Des trains directs modernes établissent toutes les communications désirables. Celui qui rêve de la «Belle époque» du célèbre «Golden Pass Express» peut encore voir la voiture-salon restaurée avec beaucoup de soin qui, autrefois, transportait la clientèle internationale avide de peluche et de faste.

The principal route of the MOB from Zweisimmen to Montreux is no more than a compromise between many differing schemes varying from an elementary tramway to a standard-gauge main line railway. The main route was extended by the branch line from Zweisimmen to Lenk, opened in 1912; this forms an extension to the standard-gauge Spiez–Zweisimmen line and will probably in the near future be converted to standard gauge and connected to the Spiez–Erlenbach–Zweisimmen railway.
The metre-gauge lines of the GFM were constructed by two different companies which, a few years after they were formed, amalgamated under the title "Gruyère Electric Railways". The standard-gauge and narrow-gauge lines lying mostly within the Canton of Fribourg were taken over by the GFM undertaking formed in 1942. Despite technical similarity with the MOB, there is little exchange of rolling stock. The uncertain future of the narrow-gauge lines of the GFM has hitherto made it impossible to plan any full-scale modernisation; but increasing carrying of sand and gravel for the construction of the Federal motorways has led to certain sections of the line being updated and have brought a welcome improvement in the railway's finances.
More to the west, the Chemins de fer veveysans (CEV) are connected to the MOB. There used to be a direct connection at Chamby but in 1966 the CEV line to Blonay was closed. It was happily revived two years later when the Blonay–Chamby Railway (BC) started up as a tourist attraction with its steam-hauled trains. A team of enthusiasts and spare-time railwaymen – many of them full-time railway employees – have within a few years been able to establish a museum railway on which locomotives, coaches and tramcars from all parts of Switzerland and neighbouring countries have been preserved in their original condition. Trains are operated at weekends during the six summer months as scheduled in the public timetable.
Today the MOB plays a large part in carrying tourist traffic between the Bernese Oberland and the Lake of Geneva and is a tourist attraction in its own right. Fast, modern trains provide all the connections required; anyone wishing to recall the age of the "Belle Epoque" and the famous "Golden Pass Express" can travel in the carefully restored saloon coach from that period and experience the opulent, plush furnishings in which the international set were wont to travel in those leisurely times.

190

190

192

190 Wimmis am Eingang zum Simmental.

Wimmis, porte d'entrée du Simmental.

Wimmis, at the beginning of the Simmental.

191 Die Kanderbrücke bei Eyfeld.

Près d'Eyfeld, pont sur la Kander.

Bridge over the Kander at Eyfeld.

192 In der Simmenschlucht bei Wimmis.

Gorge de la Simme près de Wimmis.

In the Simme gorge near Wimmis.

193

194

195

193 Das Landvogteischloß in Wimmis aus dem 13. Jahrhundert.

Château du bailliage de Wimmis, du XIIIe siècle.

The 13th century sheriff's castle at Wimmis.

194/195 Boltigen. Hier beginnt die Straße über den Jaunpaß nach Bulle.

Boltigen. Ici commence la route pour le col de Jaun (Bellegarde) et Bulle.

Boltigen, where the road over the Jaun Pass to Bulle begins.

196/197 Bunschenbachbrücke bei Weißenburg. Die Simmental-Linie wird vorwiegend von den blau-creme gestrichenen Leichttriebzügen befahren; hier eine Ce 4/4-Lok aus der Elektrifizierungszeit 1920–1924 und ein Schwertriebwagen Be 4/4.

Pont du Bunschenbach près de Weissenburg. La ligne du Simmental est surtout parcourue par les rames automotrices légères bleu-crème. Ici, une locomotive Ce 4/4 du temps de l'électrification 1920–1924 et une automotrice lourde Be 4/4.

The Bunschenbach viaduct at Weissenburg. The Simmental line is usually served by blue-and-cream lightweight multiple units; here is a Ce 4/4 locomotive built at the time of the 1920–1924 electrification and a standard-weight Be 4/4 railcar.

196

197

198

199

200

201

198–201 Zweisimmen – nach Montreux und Lenk umsteigen. (198) Züge der SEZ und MOB. (199) Ein Sportzug der SEZ ist angekommen; das Publikum sieht sich nach dem MOB-Anschluß um. (200) Moderner MOB-Gelenktriebwagen, umgeben von einem älteren Kollegen und einem SEZ-Triebzug. (201) Gondelbahn nach dem Rinderberg mit normal- und schmalspurigem Bahnanschluß.

Zweisimmen – changement de trains pour Montreux et Lenk. (198) Trains du SEZ et du MOB. (199) Arrivée d'un train de sport SEZ. Le public cherche la correspondance pour le MOB. (200) Automotrice articulée moderne du MOB entourée d'une ancienne collègue et d'une rame automotrice SEZ. (201) La télécabine pour le Rinderberg fait suite aux voies ferrées normale et étroite.

Zweisimmen – change for Montreux and Lenk. (198) SEZ and MOB trains. (199) Winter sports enthusiasts arrive on the SEZ train; passengers look round for the MOB connecting trains. (200) A modern MOB articulated railcar, between one of its older colleagues and an SEZ mu set. (201) The cableway to the Rinderberg with connection to standard-gauge and narrow-gauge railways.

202

202 In einer großen Schleife gewinnt die Linie gleich nach Zweisimmen an Höhe.

Une grande boucle à la sortie de Zweisimmen permet à la ligne de gagner de la hauteur.

The wideradius loop enables the track to negotiate the gradient up to Zweisimmen.

203 Oberhalb Zweisimmen.

Au-dessus de Zweisimmen.

Above Zweisimmen.

204 Schönried auf der Höhe zwischen Simmen- und Saanetal.

Schoenried sur la hauteur entre les vallées de la Simme et de la Sarine.

Schönried on the highest point between the Simme and Saane valleys.

203

204

205

206

207

205 Bei Schönried.

Près de Schoenried.

At Schönried.

206 MOB-Zug über den Chalets von Gstaad.

Train MOB au-dessus des chalets de Gstaad.

An MOB train high above the chalets of Gstaad.

207 Rougemont, erster Ort hinter der Sprach- und Kantonsgrenze. Aus dem 1080 gegründeten Kloster ist 500 Jahre später ein bernischer Landvogteisitz geworden.

Rougemont, première localité après la limite linguistique et cantonale. Le cloître construit en 1080 est devenu 500 ans plus tard le siège d'un bailliage bernois.

Rougemont, the first community across the language and Cantonal border. The former monastery founded in 1080 was converted 500 years ago into a mansion for the use of the Berne sheriffs.

208

209

210

211

208 Flendruz im Pays-d'Enhaut.
Flendruz dans le Pays-d'Enhaut.
Flandruz in the Pays-d'Enhaut.

209 Das Gasthaus «Grand Chalet» in Rossinière aus dem Jahre 1754, eine der schönsten Holzbauten der Schweiz.

L'hôtel «Grand Chalet» à Rossinière, une des plus belles constructions en bois de la Suisse, date de 1754.

The "Grand Chalet" guest house in Rossinière dating from 1754, one of the finest wooden structures in Switzerland.

210 Bei Château-d'Œx.
Près de Château-d'Œx.
At Château-d'Œx.

211 Stausee bei Rossinière.
Lac artificiel près de Rossinière.
Reservoir at Rossinière.

212

212 Hongrin-Schlucht bei Montbovon.

Gorge du Hongrin près de Montbovon.

Hongrin gorge at Montbovon.

213 Galerie bei La Tine.

Galerie près de La Tine.

Protective gallery at La Tine.

214 Montbovon: GFM-Zug nach Bulle–Palézieux und MOB-Schnellzug nach Montreux.

Montbovon: train GFM pour Bulle–Palézieux et direct MOB pour Montreux.

Montbovon: GFM train for Bulle and Palézieux and MOB express for Montreux.

215 Flon-Schlucht bei Les Sciernes.

Gorge du Flon près des Sciernes.

Flon gorge: at Les Sciernes.

213

214

215

216
217

218
219

216/217 Der Zug verschwindet im Nordportal und taucht im Südportal des 2424 m langen Jaman-Tunnels wieder auf.

Le train disparaît dans le portail nord et sort au portail sud après avoir parcouru les 2424 m du tunnel de Jaman.

The train disappears into the north entrance and emerges at the south end of the Jaman tunnel, 2424 metres long.

218/219 Tunnel und Galerien in den Râpes-de-Jor.

Tunnel et galeries dans les Râpes-de-Jor.

Tunnel and shelters in the Râpes-de-Jor.

220 Montreux-Oberland-Bahn bei Schönried. In Bildmitte das Rüblihorn.

Chemin de fer Montreux-Oberland près de Schoenried. Au milieu, le Rüblihorn.

Montreux-Oberland Railway at Schönried. In the centre of the photograph is the Rüblihorn.

220

221

222

221–224 Die Gegend von Les Avants. (221) Der Lokalzug Les Avants–Montreux – ein Triebwagen der ehemaligen Bahn Lugano–Cadro–Dino. Im Hintergrund rechts die Dent-de-Jaman. (222) Die berühmten Narzissen von Montreux. (223/224) Notwendige Trasseeverbesserungen unterhalb Les Avants erforderten den Neubau einiger Brücken. Oben: die Gardiol-Brücke mit einem Zug, der von einem der beiden Doppeltriebwagen von 1932 geschleppt wird. Diese waren für den «Golden Mountain Express» bestellt worden, ein Luxuszug mit Salon- und Speisewagen, der aber nur einen einzigen Sommer verkehrte, und zwar im letzten Hochkonjunkturjahr 1931. Unten: lokaler Pendelzug auf Lehnenviadukt.

Contrée des Avants. (221) Les célèbres narcisses montreusiens. (222) Train local Les Avants–Montreux, automotrice de l'ancien chemin de fer Lugano–Cadro–Dino. A l'arrière-plan à droite, la Dent-de-Jaman. (223/224) Des améliorations de tracés nécessaires au-dessous des Avants ont exigé la reconstruction de quelques ponts. En haut, le pont de Gardiol et un train remorqué par une des deux automotrices doubles de 1932. Elles avaient été commandées pour le «Golden Mountain Express», train de luxe avec voitures-salons et restaurants qui n'a circulé que durant un seul été, celui de la dernière année de prospérité 1931. En bas, train-navette local sur viaduc appuyé.

In the neighbourhood of Les Avants. (221) The famous daffodils of Montreux. (222) Les Avants–Montreux local train – a railcar of the former Lugano–Cadro–Dino Railway. In the background (right) is the Dent-de-Jaman. (223/224) In the course of essential track improvements below Les Avants it was necessary to build some new bridges. Above, the Gardiol viaduct with a train hauled by one of the two 1932 twin-coach sets. These were ordered for the "Golden Mountain Express" consisting of a Pullman set with saloon and restaurant car but which ran for only the one summer of 1931, the last year before the world economic crisis set in. Below, a local mu set on the Lehnen viaduct.

223

224

225

225–227 Genfersee in Sicht. (225) Blick zur Rhonemündung. (226) Montreux und Schloß Châtelard mit Savoyer Alpen. (227) Montreux und Dents-du-Midi.

Le lac Léman est en vue. (225) Vue vers l'embouchure du Rhône. (226) Montreux et le château de Châtelard; au fond les Alpes de Savoye. (227) Montreux et les Dents-du-Midi.

Approaching Lake Geneva. (225) View to the mouth of the river Rhône. (226) Montreux and the castle of Châtelard with the Savoy Alps. (227) Montreux and the Dents-du-Midi.

226

227

228

229

230

228–230 Im Bahnhof Montreux stehen die Züge der Glion–Naye-Bahn und der SBB zur Weiterfahrt bereit.

Trains du Chemin de fer Glion–Naye et des CFF prêts au départ en gare de Montreux.

At Montreux station a train for Glion and Rochers-de-Naye and an SBB train are waiting to depart.

231 Das Städtchen Gruyères mit dem Schloß, letzteres nach dem Brand von 1493 neu aufgebaut.

La petite ville de Gruyères et son château reconstruit après l'incendie de 1493.

The little town of Gruyères with the castle, rebuilt after the fire of 1493.

232 Bahnhof Bulle mit Schmalspurzügen nach Broc, Palézieux und Montbovon und dem Normalspurzug nach Romont.

Gare de Bulle, trains de la voie étroite pour Broc, Palézieux et Montbovon, et de la voie normale pour Romont.

Bulle station with narrow-gauge trains for Broc, Palézieux and Montbovon and the standard-gauge train for Romont.

231

232

233

234

233 Saanebrücke der Linie Bulle–Broc.

Pont sur la Sarine de la ligne Bulle–Broc.

Saane viaduct on the line between Bulle and Broc.

234 Vaulruz an der Normalspurlinie Bulle–Romont mit mittelalterlichem Schloß.

Vaulruz au bord de la voie normale Bulle–Romont et son château moyenâgeux.

Vaulruz, on the standard-gauge Bulle–Romont route, with its medieval castle.

235 Vaulruz hat einen Nord-Bahnhof an der Normalspurlinie und einen Süd-Bahnhof an der Schmalspurlinie; hier mit den verschneiten Freiburger Alpen.

Vaulruz possède une gare Nord à la ligne à voie normale et une gare Sud à celle à voie étroite. Préalpes fribourgeoises enneigées.

Vaulruz has a North station on the standard-gauge line and a South station on the narrow-gauge line; here with the Fribourg Alps covered in snow.

236 Gewitterstimmung bei Semsales.

Temps d'orage près de Semsales.

Approaching storm at Semsales.

235

236

237

238

237 Châtel-St-Denis.

Châtel-St-Denis.

Châtel-St-Denis.

238 Palézieux, Endbahnhof der GFM und Anschluß an die SBB.

Palézieux, terminus des GFM et correspondance aux CFF.

Palézieux, terminus of the GFM and changing point for the SBB.

239 Mit den Chemins de fer veveysans nach Blonay, wo das 1175 erstmals genannte, im 15. Jahrhundert erweiterte Schloß winkt und die pittoreske Touristikbahn nach Chamby abzweigt.

Avec les Chemins de fer veveysans à Blonay, dont le château mentionné pour la première fois en 1175 a été agrandi au XVe siècle, et d'où part le pittoresque chemin de fer touristique pour Chamby.

The Chemins de fer veveysans run to Blonay with its ancient castle, first mentioned in 1175 and enlarged in the 15th century. Here the picturesque tourist railway branches off to Chamby.

240 «Dienstzug» der Touristikbahn Blonay–Chamby in Gestalt des Neuenburger Tramwagens Nr. 33.

«Train de service» du chemin de fer touristique Blonay–Chamby sous forme de la voiture-tramway No 33 de Neuchâtel.

"Service train" of the Blonay–Chamby Tourist Railway in the shape of a former Neuchâtel tramcar No. 33.

241 Die Dampfzüge der Blonay–Chamby-Bahn verkehren nach Fahrplan an den Wochenenden des Sommerhalbjahres. Lokomotiven und Wagen stammen aus allen Gegenden der Schweiz und des angrenzenden Auslandes; hier eine Maschine der Brünigbahn von 1901, die später auf der Bière–Apples–Morges-Bahn und bei der Fa. Renfer, Biel, weiterverwendet wurde, sowie Wagen der «Chemins de fer électriques de la Gruyère» und der MOB.

En été, les trains à vapeur du chemin de fer Blonay–Chamby circulent selon un horaire, en fin de semaine. Les locomotives et les voitures proviennent de toutes les contrées de la Suisse et des pays avoisinants. Ici, une locomotive de 1901 du Brunig qui fut plus tard cédée au Chemin de fer Bière–Apples–Morges, puis utilisée par la maison Renfer, à Bienne, ainsi qu'une voiture des «Chemins de fer électriques de la Gruyère» et du MOB.

The steam trains of the Blonay–Chamby Railway run to a timetable during summer week-ends. The locomotives and coaches have been assembled from all parts of Switzerland and adjoining countries; here is a Brünig Railway engine from 1901 which was subsequently transferred to the Bière–Apples–Morges Railway and then to a factory in Biel, as well as coaches from the "Gruyère Electric Railways" and the MOB.

239

240

241

242
243

244

242/243 Start in Montreux nach Glion–Naye.

Départ de Montreux pour Glion–Naye.

Leaving Montreux for Glion and Rochers-de-Naye.

244 Unterwegs werden die Tours d'Aï und de Mayens sichtbar.

En cours de route, vue sur les Tours d'Aï et de Mayens.

On the way the Tours d'Aï and de Mayens come into view.

245 Blick von Glion auf Genfersee, Rhoneebene und Dents-du-Midi.

Vue de Glion sur le lac Léman, la plaine du Rhône et les Dents-du-Midi.

View from Glion on to Lake Geneva, looking towards the Rhone valley and the Dents-du-Midi.

245

246

247

248

249

250

246–248 Im Aufstieg bei Jaman. Das Gipfelpanorama ist auf Bild 2 zu sehen.

Dans la montée de Jaman. Voir à la fig. 2 le panorama du sommet.

Ascending towards Jaman. The panorama of peaks can be seen in fig. 2.

249 Die 90jährige Seilbahn Territet–Glion kurz vor dem Umbau zur automatischen elektrischen Drahtseilbahn.

Après 90 ans, le funiculaire Territet–Glion à contrepoids d'eau a été transformé en funiculaire électrique automatique.

The ninety-year old cableway from Territet to Glion shortly before it was converted to an automatic electric cable railway.

250 Genfersee bei Rivaz.

Le lac Léman près de Rivaz.

Lake Geneva near Rivaz.

251

252

251 Trans-Europ-Express «Cisalpin» in den Weinbergen von Villette.

Trans-Europ-Express «Cisalpin» dans le vignoble de Villette.

The Trans-Europ-Express "Cisalpin" runs through the vineyards of Villette.

252 Die Berglinie Lausanne–Bern und die Seelinie Lausanne–Brig bei Lutry.

La ligne de montagne Lausanne–Berne et celle du lac Lausanne–Villeneuve(–Brigue), près de Lutry.

The Lausanne–Berne line threads its way up the mountain side and the tracks of the Lausanne–Brig route skirt the lakeside at Lutry.

253

253 Der Saane-Viadukt von Grandfey bei Freiburg, 1925–1927 als Ersatz für die Eisenbrücke von 1862 erbaut. Die alten Eisenpfeiler wurden mit Beton umhüllt; für den Bau der sieben Gewölbe wurden eiserne Bogen erstellt, die zuerst als Lehrgerüst und, nach Einbetonierung, als bleibende Armierung dienten.

Le viaduc sur la Sarine de Grandfey près de Fribourg, construit en 1925–1927 pour remplacer le pont métallique de 1862. Les anciennes piles ont été enrobées de béton. Pour la construction des sept voûtes, on fit des arcs métalliques qui servirent premièrement de cintres, puis après bétonnage d'armement permanent.

The Saane viaduct of Grandfey near Fribourg, constructed 1925–1927 to replace the iron bridge built in 1862. The old iron pillars were covered with concrete; when building the seven arches, the iron spans were erected as scaffolding and then retained as permanent reinforcement for the concrete.

254

255

256

254–260 Auf der «Ligne d'Oron». Unter diesem Namen war die Strecke Bern–Freiburg–Lausanne Gegenstand zäher und heftiger Diskussionen, als in den 1850er Jahren um die Linienführung zwischen Bern und Lausanne gerungen wurde. (254) Lentigny zwischen Freiburg und Romont. (255) Bei Romont. (256) Trans-Europ-Express «Rheingold» Amsterdam–Genf in Romont. Seinerzeit nördlicher Vorposten Savoyens, Befestigungsgürtel mit zwei Rundtürmen aus dem 13./14. Jahrhundert, erneuert 1911/12. (257) Städtchen und Schloß Rue. Das Schloß ist 1155 erstmals genannt, Umbau 1619–1630. (258) Nordportal des Tunnels von Vauderens, Kulminationspunkt der Bahnlinie Genf–Romanshorn. (259) Städteschnellzug Genf–Zürich bei Oron. (260) Trans-Europ-Express «Rheingold» vor dem Schloß und ehemaligen bernischen Landvogteisitz Oron.

Sur la «Ligne d'Oron», ainsi appelée car l'artère Berne–Fribourg–Lausanne fut l'objet de discussions violentes lorsqu'il était question du tracé de cette ligne dans les années 1850. (254) Lentigny entre Fribourg et Romont. (255) Près de Romont. (256) Trans-Europ-Express «Rheingold» Amsterdam–Genève à Romont, autrefois poste avancé nord de la Savoie, ceinture de fortifications avec deux tours rondes des XIIIe et XIVe siècles, renouvelées en 1911/12. (257) Petite ville et château de Rue. Le château a été mentionné en 1155 pour la première fois, transformé en 1619–1630. (258) Portail nord du tunnel de Vauderens, point culminant (757 m), de la voie ferrée Genève–Romanshorn. (259) Train direct interville Genève–Zurich, près d'Oron. (260) Trans-Europ-Express «Rheingold» devant le château et l'ancien siège de bailliage bernois d'Oron.

257

258

259

260

On the "Ligne d'Oron" (the Oron line), the designation given to the project for building the first railway from Berne to Fribourg and Lausanne which gave rise to prolonged and bitter controversy during the 1850's when deciding upon the location for the Berne–Lausanne section.
(254) Lentigny between Fribourg and Romont. (255) At Romont. (256) TEE "Rheingold" (Amsterdam–Geneva) at Romont. At one time an outpost of the territory held by Savoy, consisting of a circle of defence towers and two round towers from the 13/14th centuries. Restored 1911/12. (257) Town and castle of Rue. The castle was first mentioned in 1155 and rebuilt in 1619–1630. (258) North entrance to the tunnel at Vauderens, highest point of the Geneva–Romanshorn main line. (259) Geneva–Zurich Inter-City train at Oron. (260) TEE "Rheingold" passes beneath the castle of Oron, formerly the residence of the Berne sheriffs.

261

261–264 Der Abstieg zum Genfersee. (261) Nach dem Tunnel von Chexbres öffnet sich das weite Panorama auf See und Savoyer Alpen. (262) Der Viadukt über die Paudèze bei Pully. (263) Die Station Puidoux-Chexbres mit den Zügen nach Lausanne und nach Vevey. (264) Trans-Europ-Express «Lemano» Genf–Mailand in Lausanne.

La descente vers le lac Léman. (261) Après le tunnel de Chexbres, un vaste panorama s'ouvre sur le lac et les Alpes savoyardes. (262) Le viaduc sur la Paudèze près de Pully. (263) La gare de Puidoux-Chexbres, trains pour Lausanne et Vevey. (264) Trans-Europ-Express «Lemano» Genève–Milan, à Lausanne.

Descending towards Lake Geneva. (261) After leaving the tunnel at Chexbres, the view opens out to the magnificent panorama of the Lake and the Savoy Alps. (262) Viaduct over the Paudèze at Pully. (263) Puidoux-Chexbres station with trains for Lausanne and Vevey. (264) TEE "Lemano" (Geneva–Milan) at Lausanne.

262

263

264

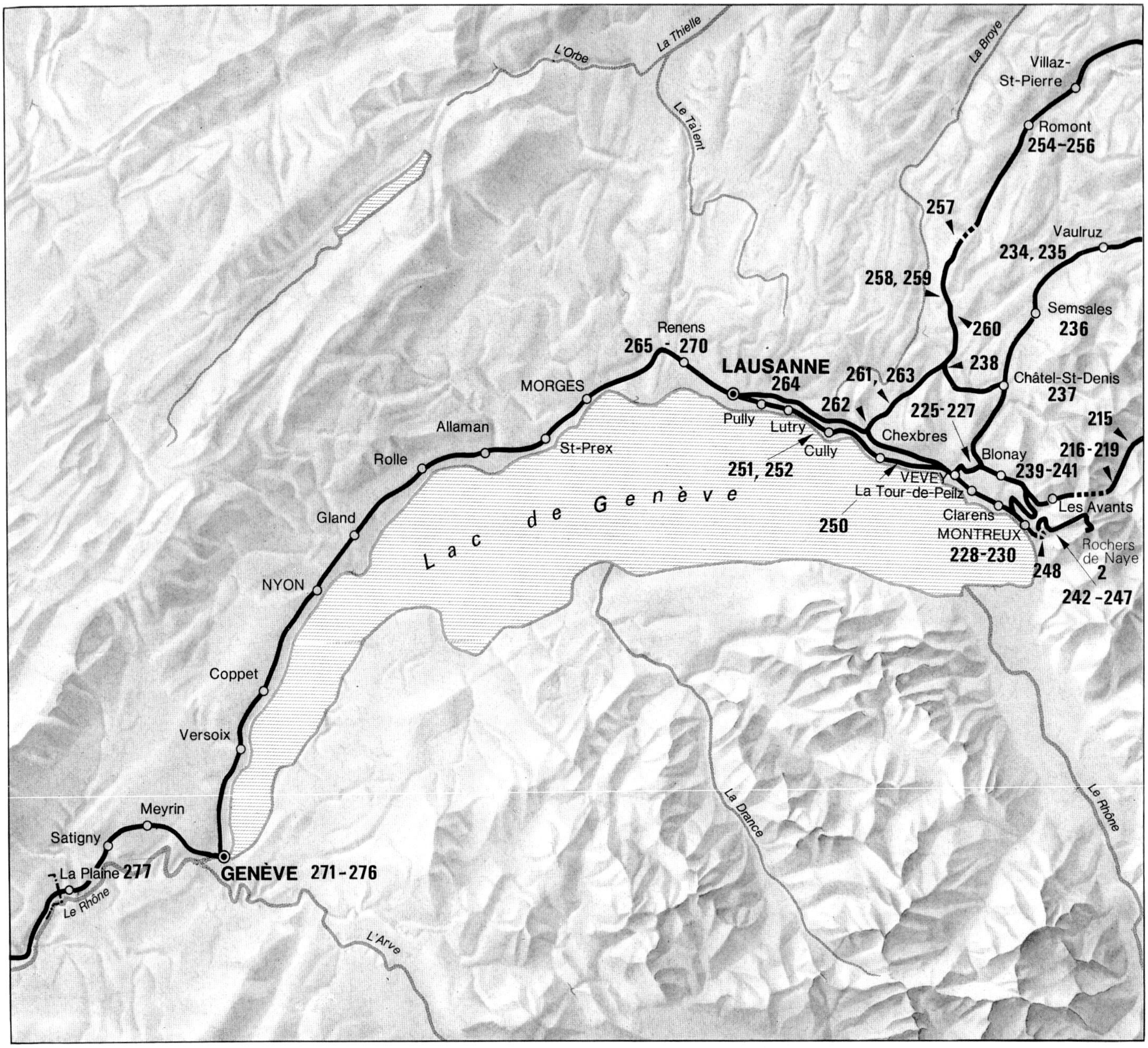

La Thielle
L'Orbe
La Broye
Villaz-St-Pierre
Le Talent
Romont
254-256
257
Vaulruz
234, 235
258, 259
Semsales
236
260
Renens
265 - 270
LAUSANNE
264
261, 263
238
Châtel-St-Denis
237
MORGES
262
225-227
215
Pully
Lutry
Chexbres
Allaman
Cully
Blonay
216-219
St-Prex
239-241
Rolle
251, 252
VEVEY
La Tour-de-Peilz
Les Avants
Lac de Genève
Clarens
Gland
250
MONTREUX
Rochers de Naye
228-230
2
248
NYON
242-247
Coppet
Versoix
La Dranse
Le Rhône
Meyrin
Satigny
La Plaine 277
GENÈVE 271-276
Le Rhône
L'Arve

265

265 Renens mit seinem Wald von Semaphoren.

Renens et sa forêt de sémaphores.

Renens with its "forest" of signals.

266

267

266/267 TEE «Rheingold» und «Lemano» bei Denges.

TEE «Rheingold» et «Lemano» près de Denges.

TEE's "Rheingold" and "Lemano" at Denges.

268

268 Zementzug verlässt den Rangierbahnhof Denges.

Train de ciment quittant la gare de triage de Denges.

A train of cement wagons leaves the Denges marshalling yard.

269 Der neue Rangierbahnhof Lausanne-Denges.

La nouvelle gare de triage de Lausanne-Denges.

The new Lausanne-Denges marshalling yard.

270

270 Ruhepause für die Rangierlok unter der Stellwerkkanzel von Denges.

Repos pour les locomotives de manœuvre sous l'avant-corps du poste directeur de Denges.

Pause for the shunting locomotives beneath the spacious signal box at Denges.

271–274 Bahnhof Genf-Cornavin. (271) Dieseltriebzug der SNCF. (272) SNCF-Schnellzug nach Lyon mit CC-Lok. (273/274) Der TEE «Catalan-Talgo» nach Barcelona. Seine seitlich verschiebbaren Räder ermöglichen in Port-Bou die Weiterfahrt auf der spanischen Breitspur. Die SNCF-Diesellok wird dort von einer solchen der RENFE abgelöst.

Gare de Genève-Cornavin. (271) Rame automotrice diesel de la SNCF. (272) Train direct SNCF pour Lyon et sa locomotive CC. (273/274) Le TEE «Catalan-Talgo» pour Barcelone. Ses roues peuvent être déplacées latéralement à Port-Bou pour le passage sur la voie large espagnole. La locomotive diesel SNCF est remplacée là par une machine de la RENFE.

Geneva-Cornavin station. (271) SNCF Diesel mu set. (272) SNCF express for Lyon hauled by a CC locomotive. (273/274) The TEE "Catalan-Talgo" for Barcelona. The mechanism for moving the wheels outwards enables the train to continue on to the Spanish broad gauge from Port-Bou onwards. Here, too, the SNCF diesel locomotive is exchanged for a RENFE unit.

271

272

273

274

275

276

275/276 TEE «Lemano» und «Rheingold» in Genf.

TEE «Lemano» et «Rheingold» à Genève.

TEE's "Lemano" and "Rheingold" at Geneva.

277 La Plaine, westlichste SBB-Station und Grenzübergang nach Frankreich. Auf der mit Gleichstrom 1500 V elektrifizierten Strecke Genf–La Plaine verkehren Schnell- und Güterzüge der SNCF und Lokalzüge mit besonderen Gleichstromtriebwagen der SBB. Ausser dem Stromsystem ist auch das Signalwesen vom Typ SNCF.

La Plaine, tête occidentale des CFF et point frontière vers la France. Sur la ligne Genève–La Plaine électrifiée en courant continu de 1500 volts circulent des trains directs et de marchandises de la SNCF et des trains locaux remorqués par des automotrices spéciales des CFF à courant continu. A part le système de courant, la signalisation est aussi du type SNCF.

La Plaine, the most westerly SBB station and frontier station for France. The section Geneva–La Plaine is electrified at 1500 volts d.c. and is used not only by SNCF express and freight trains but also by local SBB trains with special d.c.-powered motor coaches. Like the voltage, the signalling also conforms to SNCF practice.